晶体结构与结晶

主　编　罗洋辉

副主编　孙伯旺

编　委　周建成　游雨蒙　孙岳明

东南大学出版社

·南京·

图书在版编目(CIP)数据

晶体结构与结晶 / 罗洋辉主编. — 南京:东南
大学出版社,2023.4
ISBN 978-7-5766-0511-2

Ⅰ.①晶… Ⅱ.①罗… Ⅲ.①晶体结构-教
材②结晶-教材　Ⅳ.①O76②O78

中国版本图书馆 CIP 数据核字(2022)第 241780 号

责任编辑:陈潇潇　责任校对:韩小亮　封面设计:毕　真　责任印制:周荣虎

晶体结构与结晶

Jingti Jiegou yu Jiejing

出版发行:东南大学出版社
社　　址:南京市四牌楼 2 号　邮编:210096　电话:025-83793330
网　　址:http://www.seupress.com
电子邮箱:press@seupress.com
经　　销:全国各地新华书店
印　　刷:广东虎彩云印刷有限公司
开　　本:700 mm×1000 mm　1/16
印　　张:11
字　　数:193 千字
版　　次:2023 年 4 月第 1 版
印　　次:2023 年 4 月第 1 次印刷
书　　号:ISBN 978-7-5766-0511-2
定　　价:42.00 元

前　言

　　晶体结构是化学、物理学和材料学的重要研究内容；结晶过程及晶体生长控制是材料制备、化学生产和医药开发的重要环节之一。学习《晶体结构与结晶》，需要综合运用物理化学、结构化学、化工热力学、动力学和现代分析技术等知识，让化学、物理和材料专业的学生，能够更好地把晶体学原理与晶体生长控制实际结合起来，指导科学研究和生产实践。

　　作者多年讲授晶体结构及结晶过程控制相关本科生、研究生课程，并开展药物结晶、晶型筛选、功能材料、多孔配位聚合物等以结晶和晶体结构分析为主要技术手段的研究工作。在多年教学和科研实践基础上，参考国内外有关书籍、专著，编写了本书。本书主要从晶体学理论入手，阐述晶体生长理论；借助晶体结构表征和现代分析技术，深入揭示晶体结晶过程中的影响因素，为研究开发材料、化学、药物等新晶型提供理论指导和技术参考。本书的特色与创新在于：高度结合社会需求实际，用理论联系实践，促进专业知识与科研和生产实践的交叉融合，既能作为本科生、研究生专业课程教材，又能成为晶型生产研发的参考手册。此外，通过本书的学习，读者可以充分了解晶体结构及结晶过程控制的重要意义，激发科技强国的斗志。

　　本书共分为四个模块：第1～3章为晶体学原理，第4～7章为X射线衍射技术，第8章为晶体的生长控制，第9章对近年来部分功能晶体材料研究发展进行综述。在完成该书的过程中，得到了编委的大力支持，东南大学为本书提供了出版基金，东南大学出版社为本书的出版提供了很多宝贵的意见，在此，表示衷心的感谢！

　　作者学识有限，书中难免有错误、不当之处，还望专家、读者见谅并批评指正。

作　者

2023 年 2 月于东南大学

扫一扫，
查看书中彩图

目 录

1 绪 论

1.1 晶体的本质

1.1.1 晶体的定义

人们是如何发现晶体的存在的呢？人们又是如何赋予它们"晶体"这个名称的呢？人类认识晶体首先是从观察天然矿物的外部形态开始的。图 1-1 是自然界中石英晶体的图片，古代人错误地认为透明的石英晶体是由过冷的冰形成的，他们称石英为"kiystallos"，这个名词的希腊文原意是"洁净的冰"，现在我们所用的晶体的英文 crystal 也起源于这个词。到了中世纪，人们研究了许多矿物晶体后，形成了一个初步的概念：晶体是具有多面体外形的固体。

图 1-1 石英晶体

1.1.2 晶体结构理论的发展

在科学发展的过程中，随着人们对晶体结构的理解，晶体的概念得到不断深化和完善，不同的晶体结构理论也涌现出来，代表性的理论有三种：①浩羽晶体构造理论（也称为形态晶体学）；②惠更斯理论；③点阵结构理论。浩羽（R. J. Hauy）在1812 年提出的晶体构造理论认为，晶体是由具有多面体外形的"分子"构成的，如图 1-2a 所示，同一种晶体是由同样的平行六面体的单位组成，并且这些平行六面体是用并排密堆的方式堆砌起来的。如果把晶体打碎，能形成无数立方体外形的小晶体，这个过程一直能进行下去，直到一立方体的"分子"。这一理论大大推动了晶体学的发展，但这一理论也存在严重困难：晶体构造理论所依据的解理性不大可

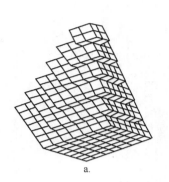
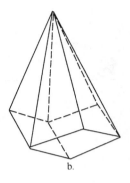

图 1-2 浩羽提出的晶体结构示意图

靠,因为,很多晶体的解理面并不明显,如萤石,其解理面为正八面体,如图 1-2b 所示,而仅用并这样的正八面体不能堆砌晶体。此外,浩羽把最小的平行六面体单位称为组成晶体的"分子",这显然也是错误的,因为,晶体内部不是完全实心的或者说不是完全毫无间隙的。

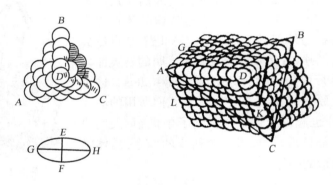

图 1-3 惠更斯对方解石晶体结构的臆测

其实早在浩羽之前,惠更斯(Huyghens)在 1690 年就提出:晶体中质点的有序排列导致晶体具有某种多面体外形。如图 1-3 所示,质点的这种特殊排列造成了这样的特殊外形。质点的有序排列这种认识已经接近真实的晶体本质。所以,在浩羽的晶体构造理论遭到否定以后,惠更斯的理论便在布拉菲(Bravais)等人的努力下发展成了晶体的点阵结构理论。

晶体的点阵结构理论是基于晶体的各向异性和均匀性提出的,它成功地经受了实践的考验。1848 年,布拉菲确定了晶体的 14 种空间点阵形式。他认为,晶体结构是晶胞在三维空间平移延伸而来的,可以抽象成 14 种空间点阵格子在空间的周期性排列。这种排列形成了一定的空间点阵结构,也反映了晶体结构中的周期性。但这种理论一直到1912年X射线研究晶体的方法发现以后，才从实验中得到证实。1912年，劳厄（Laue）开创了X射线晶体学。X射线晶体学一方面证明晶体是由构成晶体的质点在空间三维有序排列而成的结构，这种质点可以是原子、离子或分子，这样的一种三维有序的结构称为点阵结构；另一方面，X射线晶体学表明，这种定义下的晶体在自然界是普遍存在的。在自然界中，具有天然多面体外形的晶体是少数的，图1-4是一些代表性的、具有多面体外形的天然晶体。而有些物质从外表看似乎不是晶体，但实际上也属于晶体，比如：矿石、沙子、水泥、钢铁、洗衣粉、化学肥料，甚至到人体的骨骼和牙齿，无一不是由晶体构成的。不过，这里所指不是较大的有多面体外形的晶体，而是由无数微小的晶体颗粒随机取向地结合在一起而成的多晶体。

| 金刚石 | 石英 | 萤石 | 锆石 |
| C | SiO_2 | CaF_2 | $ZrSiO_4$ |

图1-4　具有多面体外形的天然晶体

1.1.3　晶体的分类

晶体分为单晶体（single crystal）和多晶体（polycrystal）。单晶体指的是质点按一定几何规律完成周期性排列的整块晶体。如图1-5所示，上图是单晶体的电子衍射图案，反映出质点的周期性规律排列；下图是单晶体的X射线衍射图案，反映出晶体的空间点阵结构。而多晶体是指由许许多多单晶体微粒所形成的固体集合体，它们的电子衍射图案和X射线衍射图案均显示了多种几何排列的混合。

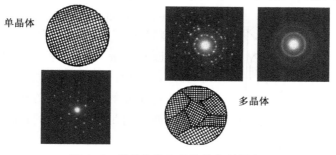

单晶体

多晶体

图1-5　单晶体和多晶体的衍射图案

1.2 晶体的结构特征

晶体在宏观及微观上的结构特征主要包括晶体的各向异性、自范性、均匀性和对称性。

1.2.1 晶体的各向异性

晶体的几何度量和物理效应常随方向不同而表现出量上的差异,这种性质称为各向异性。当然,在晶体中,以对称性联系起来的方向上,其几何度量和物理效应是相同的。晶体的各向异性是由晶体内部质点的有序排列决定的,如图 1-6 所示,不同方向上所包含的质点的种类是不一样的,必然会导致性质上的差异;图 1-7 指出了 NaCl 晶体在 c 方向、$b+c$ 方向以及在 $a+b+c$ 方向上拉力的差别。我们看到,三方向拉力的比约为 $1:2:4$。虽然晶体在多数性质上表现为各向异性,但我们不能认为无论何种晶体、无论在什么方向上都表现出各向异性。

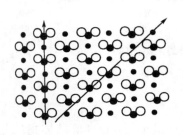

图 1-6 晶体的各向异性

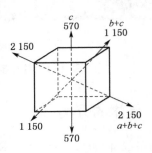

图 1-7 NaCl 晶体的力学性质(g/mm^2)

例如,在光学性质上,方解石是各向异性的,而岩盐在 a,b,c 方向是各向同性的。在热传导性质上,岩盐是各向同性的,而霞石晶体在底面上表现为各向同性,在柱面上却表现为各向异性。对于这一性质,我们可以做一个小实验:如图 1-8 所示,在霞石的底面上和柱面上涂上一层石蜡,在酒精灯上将一根铁针烧热,分别把针尖放在底面和柱面上。这时,底面上石蜡融化成圆形,而柱面上石蜡融化成椭圆形,这说明:在霞石晶体的底面上热传导是各向同性的,在柱面上则是各向异性的;而在岩盐晶体立方面上,石蜡都融化成圆形,表明了各向同性

岩盐(NaCl)

霞石 [Na(AlSiO₄)]

图 1-8 晶体的热传导性

的特点。在图1-9中,左边是有机长分子晶体的一种堆积,中间是有机长分子晶体另一种堆积,右边是离子晶体的堆积。从这些图中可以看出:构成晶体的分子的形状和堆积方式对晶体的各向异性有很大影响。因此测量了晶体的各向异性就可粗略地估计晶体内分子的形状和排列方式。例如我们沿六方柱形石墨晶体底面测得电导率为沿柱面方向测得的电导率的 10^6 倍,从这点出发就可以初步估计石墨是层状结构(图1-10)。这就是晶体的各向异性。

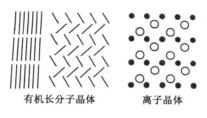

有机长分子晶体　　　离子晶体

图1-9　各种晶体堆积情况

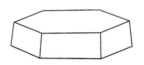

图1-10　石墨晶体

1.2.2　晶体的自范性

由于生长速度的各向异性,所以,晶体具有自发地长成一个多面体的趋势,这叫作晶体的自范性。因为对称性相联系的方向上晶体的生长速度是一致的,所以,这种多面体也会呈现出对称性。图1-11展示的实验也显示了晶体的这一性质:将明矾晶体磨成圆球,用线把它挂在明矾的饱和溶液里,经过数小时后在圆球上出现了一些平坦的小晶面,随着时间的推移,小晶面逐渐扩大并互相汇合,最终覆盖整个圆球而呈多面体外形。

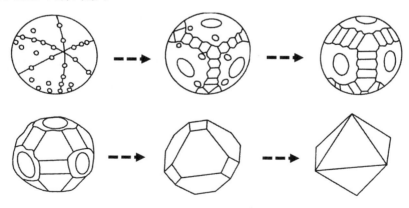

图1-11　晶体的自范性

晶体由于自范性所形成的多面体满足多面体欧拉定理,即:

$$F + V = E + 2$$

其中,F 为多面体晶面数,V 为多面体顶点数,E 为多面体棱边数。

1.2.3 晶体的均匀性

在宏观观察下,晶体每一点上的物理效应和化学组成均相同。这种性质称为晶体的均匀性。前面我们提到了晶体的各向异性,那么,各向异性和均匀性是如何表现在同一晶体上的呢?我们以电导率为例来说明这个问题。在晶体的每一点上按不同方向测量,电导率除对称性联系起来的方向以外,都是不同的,这就是晶体的各向异性;而在晶体的任一点按相同方向测量晶体的电导率,电导率都是相同的,这就是晶体的均匀性。也就是说,晶体的各向异性均匀地在晶体各点上表现出来。此外,我们还需要注意:表面上,晶体和非晶体都是均匀的,如图 1-12 所示,但实质上有所不同,晶体中每一微观区域都精确地均匀,而非晶体中只是在统计上近似均匀。

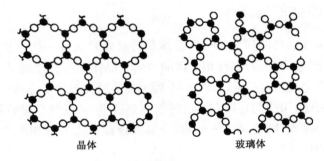

晶体   玻璃体

图 1-12　晶体和玻璃体的结构特点

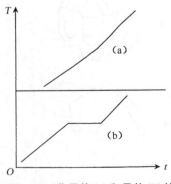

图1-13　非晶体(a)和晶体(b)的加热时间—温度曲线

晶体的这种精确均匀性,使得它们具有固定的熔点。比如冰的熔点是 $0℃$。而非晶体,比如玻璃,它们在加热时随着温度上升,其原子或原子团的热运动相应加剧,它们的流动性就逐渐地恢复,黏度愈来愈小。因而在融化的整个过程中并无固定的熔点。这表现在加热时间—温度曲线上,晶体的曲线有平台,这个平台就是固定熔点,而非晶体的曲线无平台(图 1-13)。

1.2.4　晶体的对称性

晶体的理想外形和晶体内部结构都具有特定的对称性,晶体的对称性和晶体的性质关系非常密切。比如,图 1-14a 是 NaCl 的晶体内部结构,质点的分布都是高度对称的;又如,石蜡在霞石或岩盐晶体表面融化成圆形或椭圆形(图 1-14b、图 1-14c),而不是其他的形状,这也由晶体的对称性决定的。

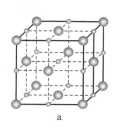
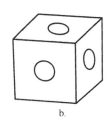
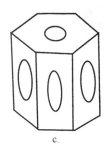

a.　　　　　　　　b.　　　　　　　　c.

图 1-14　晶体的对称性

1.2.5　非晶体

有些物质,比如石蜡、沥青、玻璃等,它们的外观虽然呈固体状态,但是它们可以在压力下流动,这种特性使得它们有时被视为高黏性液体,这样的物质称为非晶体。它与晶体的根本区别在于:质点是否在三维空间做有规则的周期性重复排列。具体来讲:晶体熔化时具有固定的熔点,而非晶体无明显熔点,只存在一个软化温度范围;晶体具有各向异性,而非晶体呈现各向同性。我们来看具体的例子:如图1-15 所示,同样是石英,在石英晶体中,既短程有序(short-range order),同时也长程有序(long-range order)。而在石英玻璃中,它可能会有短程有序,但是肯定没有长程有序,我们称之为即无定形固体(amorphous solids)。

石英晶体　　　　　　　　　　　石英玻璃

图 1-15　石英晶体与石英玻璃

这点我们可以从晶体与非晶体的 X 射线衍射图案看出来，图 1-16a、b、c 三图是晶体的 X 射线衍射图案，我们可以看到明显的衍射斑点，而图 1-16d 是非晶体的 X 射线衍射图案，我们看不到任何衍射斑点。

a.   b.   c.   d.

图 1-16　晶体与非晶体的衍射图案

1.2.6　液晶

液晶是物质的一种状态，它具有液体的流动特性，但也表现出结晶状态的某些特性。液晶通常是由分子很长的有机化合物组成的，液晶分子在晶体中的排列如图 1-17a 所示。当温度升高时因热运动而失去周期性排列状态，达到图 1-17b、图 1-17c 这样的状态，这时，晶体已融化成液体，但仍具有各向异性，我们称之为液态晶体。当温度继续升高，分子热运动更加剧烈，最终变成了各向同性的液体（图 1-17d）。

a. 晶体(结构呈现周期性排列)　b. 各向异性的液体　c. 各向异性的液体(分子的轴向周期性已被破坏)　d. 各向同性的液体(分子的取向相同)

图 1-17　晶体经过液态晶体到液体的各个阶段

1.2.7　准晶

准晶是内部结构介于晶体和非晶之间的一种新状态，它的内部结构具有长程有序，但不具有晶体结构的平移周期性。1984 年以色列工学院材料科学家达尼埃尔·谢赫特曼(D. Shechtman)首次在急冷 Al-Mn 合金中发现二十面体相，它们的电子衍射图具有 5 次旋转对称性，如图 1-18a 所示。也就是在 360° 内可以通过旋转重复 5 次，而晶体结构中是不存在 5 次及 6 次以上旋转轴的。因此，这种颠覆性的发现获得了 2011 年诺贝尔化学奖。而我国在准晶领域的研究也处于世界前列。1985 年,我国的郭可信等也在急冷$(Ti_{1-x}V_x)_2Ni$ 合金中发现二十面体相,它们的电子衍射图具有 5 次对称轴。此外,在合金中也发现了 10 次对称的衍射花样,也就是旋转 36°,衍射花样重合(图 1-18b)。

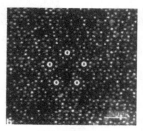 

a. 镍钛准晶相的5次　　　　b. AlNiCo准晶相的
对称衍射图　　　　　　　10次对称衍射图

图 1-18　准晶的 5 次、10 次对称衍射图案

蛋白石、硼烷化合物及病毒等都显示出 5 次旋转对称特征(图 1-19),而数学家们早已为准晶做好了理论铺垫,1974 年,英国人彭罗斯便在前人工作的基础上,提出了一种以两种四边形的拼图铺满平面的解决方案,如图 1-20a 所示。对于谢赫特曼的准晶体衍射图案和彭罗斯的拼图来说,都有一个迷人的性质,就是在它们的形态中隐藏着美妙的数学常数,也就是黄金分割数 0.618。彭罗斯拼图以一胖一瘦两种四边形镶拼而成,其中,瘦的四边形内角为 72°和 108°,胖的四边形内角为 36°和 144°。在图案中,这两种四边形的数量之比正好是 0.618;同样的,在准晶中,原子之间的距离之比也往往趋近于这个值。这种美妙的数学常数使得准晶在艺术及科研上具有广阔的应用。例如:日本艺术家用 510 根小细木杆创作出三维准晶作品(图 1-20b);彭罗斯把两种三十面体穿插起来得到二十面体,并用光学变换仪得到谐振光 5 次对称的强度分布(图 1-20c)。

十二面体　　　正二十面体　　　菱形三十面体　　　三十二面体　　　碳60　　　病毒

图 1-19　自然界中的准晶

a. 黄金分割数：0.618

b. 日本艺术家Akio Hizume用510根小木杆创作出三维准晶作品

c.光子准晶中诸振状态的分布强度

图 1-20　准晶的艺术

1.3　结晶化学的研究对象和内容

当人们对晶体的研究不再局限于化学组成,而是深入到晶体的结构内部,从而产生了结晶学一个新的分支——结晶化学。那么,什么是结晶化学呢? 结晶化学是研究晶体结构规律,并通过对晶体结构特征的诠释,进一步探索晶体性质的一门学科。具体来讲,结晶化学的研究对象和内容包括 3 个方面:第一,晶态固体的性质。具体的一个晶体结构,对应具体的各向异性,从而赋予晶态固体特有的性质。第二,晶态固体的鉴定和表征。由于具体晶体结构对应具体晶态性质和结构特征,因此,通过性能考察和结构分析,可以对晶态固体进行鉴定和表征。第三,晶态固体材料的设计和探索。通过晶体结构和材料性能的构效关系的建立,为高性能晶体新材料的设计和探索提供依据。

1.3.1　同质多象

对于晶态固体来讲,非常重要的一个方面就是同质多象现象,同质多象也称为多晶型,它的英文表达是 Polymorphism。那么,什么是同质多象呢? 我们来看图 1-21,把椭圆形看作是晶体中的结构单元,它在空间的堆积排列至少有 4 种方式。由于晶体是各向异性的,对于这四种不同的堆积方式来讲,同一方向上的性质必然是不同的,虽然它们的组成是一样的,这种现象就是同质多象。同质多象在材料和药物领域影响深远,同样一种成分的材料,性能可能千差万别;同样一种成分的药物,药效可能是两种极端。因此,同质多象现象的存在是我们研究结晶化学的重要原因之一。

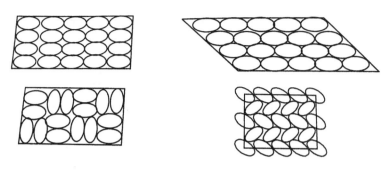

图 1-21 椭圆形分子的各种堆积方式

我们在生活中常见的同质多象现象有哪些呢？最典型的例子就是碳元素。如图 1-22 所示，金刚石是由碳元素组成的，而金刚石又分为立方金刚石和六方金刚石，同时，石墨烯、碳 60 也都是由碳元素组成的，但是，这 4 种晶体在结构和性能上差异巨大。首先，它们碳原子的成键形式、杂化轨道、键长、键角，都是不一样的，这就导致了它们的密度、电阻、硬度、折光率等理化性质上的千差万别（表 1-1），而这些，我们需要从晶体结构的角度加以理解和区分。

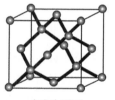 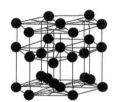 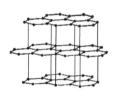

立方金刚石　　　　六方金刚石　　　　石墨烯　　　　碳60

图 1-22 碳元素的四种结构

表 1-1 碳元素的结构性质

结构和性质	金刚石	石墨	富勒烯
C 原子的成键形式	四面体	平面三角形	球面形
C 原子的杂化轨道	sp^3	sp^2	$sp^{2.28}$（σ 键 $s^{0.3}p^{0.7}$）
C—C—C 键角	109°28′	120.0°	116°
C—C 键长/pm	154.5	141.8	139.1(6/6) 145.5(6/5)
密度/(g·cm^{-3})	3.514	2.266	1.678

结构和性质	金刚石	石墨	富勒烯
电阻/($\Omega \cdot$ cm)	$10^{14} \sim 10^{16}$	$10^{-4}(/\!/)$ $0.2 \sim 1.0(\perp)$	
硬度/Mobs	10	<1	
折光率 n （$\lambda = 546$ nm）	2.41	$2.15(/\!/)$ $1.81(\perp)$	

1.3.2 物相鉴定和表征

研究结晶化学的第二个重要原因是晶体结构是物相鉴定和表征的一种重要手段。固体的鉴定和分析主要围绕两个方面，一是物相，二是成分。物相就是它的晶体状态。物相鉴定最常用的方法是 X 射线衍射，那是因为晶体的一种特定的相具有特征的 X 射线衍射结构参数，就像人的指纹一样，是一个相态特有的，从而表现出该相特征的衍射参数，所以，X 射线衍射可以对晶相进行定性、定量的鉴定。

1.3.3 晶态固体材料的设计和探索

研究结晶化学的第三个重要原因是它可以深刻促进高性能晶态固体材料的设计和探索。这一方面的发展路线是：首先，发现材料的性能；然后，通过对晶体结构研究，明确结构和性能之间的构效关系，考察出晶体结构对性能的关键控制点；进而，从晶体结构出发，对材料进行改性，探索和设计性能更优越的新材料。比如，在1986 年，研究者们发现了几种超导铜氧化物，并确定了它们的临界温度。进一步研究它们的晶体结构发现，它们是由钙钛矿衍生出来的准二维层状结构，因此，根据这种结构特征，研究者设计合成了大量的超导铜氧化物，其中最高临界温度达160 K，大幅提高了此类材料的性能。上述就是结晶化学的研究对象和内容，也是我们学习结晶化学的原因。

1.3.4 本教材的主要内容

那么，对于课程"晶体结构与结晶"，我们要学习的具体内容包括以下三个方面：第一个方面是几何结晶学，我们要从几何结构的角度来理解晶体结构，主要的知识点包括晶体的空间点阵、晶胞、点群、空间群等理论，这是研究晶体结构的理论基础。第二个方面是 X 射线衍射晶体学,主要学习 X 射线衍射理论和实验方法,包括单晶衍射、粉末衍射、定量分析方法等。这是研究晶体结构的最主要工具。第三个方面是结晶过程与控制,主要学习晶体成核、晶体生长、晶习控制的理论及实验方法,这是结晶化学的实践。所以,本教材既包含晶体学理论,又包含结晶过程实践,理论与实践应用并重。

2 空间点阵理论

点阵理论是用来研究晶体结构及晶体对称性的,我们将从以下三个方面来学习:①晶体的点阵结构和结构基元,这里涉及晶体中结构基元的选取和点阵的抽象;②晶胞、晶胞参数,这里涉及如何在点阵中划分空间格子;③晶向、晶面以及晶向指标和晶面指标。

2.1 晶体的点阵结构和结构基元

2.1.1 晶体的周期性

在认识点阵结构之前,我们先来了解周期性。晶体的周期性需要满足两个条件:一个条件是有重复的大小与方向,一组重复的大小与方向,在晶体中我们称为点阵,用"lattice"来表示。周期性另一个条件是有一个周期性重复的内容,在晶体结构中,这种周期性重复内容称为结构基元,英文表达是"structural motif",或者是"basis"。那么,点阵加上结构基元,就是真实的晶体结构。从这种角度来讲,点阵是无穷大的,点阵里的每一个点,称为点阵点,每个点阵点所代表的具体内容就是结构基元,它包括粒子的种类、数量及其在空间的排列方式。

我们来看一个具体例子,如图 2-1 所示,假设这是一个具体的晶体结构(crystal structure),那么,我们可以把这样一个四边形和一个圆形的组合看作是结构基元(basis),这时,我们可以用一个点来替代结构基元,那么这个晶体的几何结构就可以用这个点所组成的空间点阵来表达了。因此,我们认为晶体结构是真实的,而点阵是抽象的。

根据上述论述,我们可以得出这样的结论:为了讨论晶体周期性,不管重复单元的具体内容,将其抽象为几何点,这种几何点是无质量、无大小的,那么晶体中重复单元在空间的周期性排列就可以用几何点在空间排列来描述了。这种几何点在

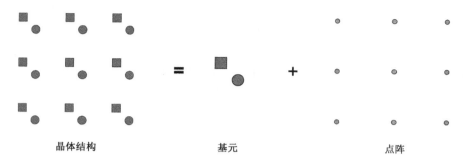

图 2-1 晶体的点阵结构和结构基元

空间的周期性排列就构成点阵。根据这一特征我们可知:点阵是在空间任何方向上均为周期排布的无限个全同点的集合,构成点阵的几何点称为点阵点,简称阵点。那么,用点阵的性质来研究晶体的几何结构的理论就称为点阵理论。

2.1.2 点阵理论

在学习点阵理论之前我们先来了解一下与点阵理论有关的历史。1830 年,德国的 Hessel 就总结出晶体多面体的 32 种对称类型,这 32 种对称类型就是用点阵推导出来的;1849 年,法国的布拉维确定了三维空间的 14 种空间点阵,也就是 14 种 Bravais 格子,指的是阵点在空间的 14 种分布模式;1887 年,俄国的加多林在 Hessel 及布拉维的工作的基础上,严格推导出 32 个晶体学点群;此后,在 1890 年到 1891 年这两年的时间里,俄国的费道罗夫和德国的熊夫利斯,根据 14 种 Bravais 格子和 32 个晶体学点群,先后独立地推导出 230 个晶体学空间群,也就是 14 种 Bravais 格子在空间的对称方式,这 230 个晶体学空间群就构成了晶体结构理论的基本框架。

那么,点阵是如何从晶体结构中抽象出来的呢? 我们先来看构成点阵的条件,按照连接其中任意两点的向量进行平移能够复原的一组点,称为点阵。晶体学中的平移指的是所有点阵点在同一方向移动同一距离,且使图形复原的操作。这样的点阵满足 3 个条件:①阵点数无穷大,也就是阵点是无限的;②每个阵点周围具有相同的环境;③平移后能复原。根据这 3 个条件我们来看一些具体的抽取点阵的例子。

2.1.3 直线点阵

晶体是一个三维的点阵,在学习三维点阵之前,我们先来看看一些常见的简单点阵。那么,最简单的就是直线点阵了,也称一维点阵。以直线连接各个阵点形成的点阵就称为直线点阵。我们来看具体例子:如图 2-2 所示,结构 1 中把一个质点抽象成一个阵点,那么它对应的点阵就是点阵 1;而在结构 2 中,很明显,2 个质点抽象成一个阵点,所构成的点阵是点阵 2;同样,在结构 3 中,一大一小 2 个质点抽象成一个阵点,那么它们的点阵是点阵 3 这样一种分布。

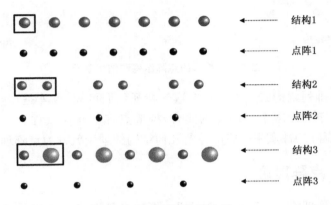

图 2-2　简单的直线点阵

上述 3 种情况是简单的,那我们再来看稍微复杂一点的情况:如图 2-3 所示,对于结构 4,我们如何来抽取它的点阵呢? 这样相邻的 3 个质点可以抽象成一个阵点,这样,它的点阵就是点阵 4 这种模式了。再比如,对于一维结构 5,如何抽取点阵呢? 每一个原子可以看成是一个阵点吗? 显然不符合阵点的条件,只有相邻 2 个原子抽象成一个阵点,才能得出正确的点阵 5。对于这种直线点阵,相邻两阵点

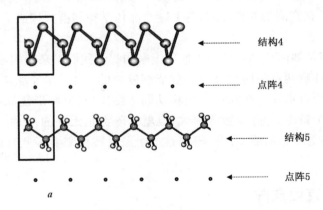

图 2-3　直线点阵

的矢量 *a* 称为点阵的单位矢量,长度称为点阵参数。我们可以看到,矢量 *a* 是平移时阵点复原的最小距离,故矢量 *a* 为点阵的平移素向量。

因此,直线点阵对应的平移群是:

$$T_m = ma \quad m = 0, \pm 1, \pm 2, \cdots\cdots$$

由此,我们可以得出:点阵是晶体结构周期性的几何表达,而平移群则是晶体结构周期性的代数表达。根据上述例子,我们可以总结出:如何从晶体结构中抽取点阵是从具体到抽象的过程;只有从点阵的定义出发,来判断抽出的点是否构成点阵。

2.1.4　平面点阵

在直线点阵上增加另一条与之不平行的直线点阵,就形成在二维方向上排列的阵点,即为平面点阵。如图 2-4 所示,平面点阵可划分为一组相互平行的直线点阵,选择两个不平行的单位向量 *a* 和 *b*,可将平面点阵划分为并置的平行四边形单位,这种单位称为平面格子。由图中我们可以看出,向量 *a* 和 *b* 的选取不同,所划分的平面格子就不一样,这就涉及平面格子的划分问题。

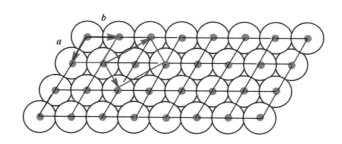

图 2-4　平面点阵

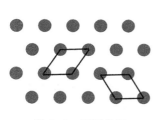

图 2-5　平面格子

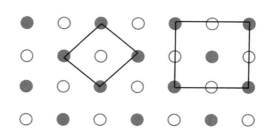

图 2-6　平面格子

比如,对于图 2-5 中的这个平面点阵,它的平面格子的这两种选取方式,本质是一样的。但是对于图 2-6 中的这个平面点阵,不同选取方法就有所差异了。比如,用相邻的 4 个阵点来划分,显然是不行的,因为不能使点阵平移重合;正确的选取可以是这样,划分的时候所用到的阵点有 5 个;此外,也可以在划分的时候所用到的阵点有 9 个。那么,这 2 个平面格子就有差别了,对于平面格子顶点上的阵点,对每个单位的贡献为 1/4;边上的阵点,对每个单位的贡献为 1/2;四边形内的阵点,对每个单位的贡献为 1。因此,图 2-5 中平面格子所含阵点数为 1,图 2-6 中左边平面格子所含阵点数为 2,而右边平面格子所含阵点数为 4。因此,在平面格子中,a,b 的选取方式不同,平面格子的划分就不同。当一个格子中只有一个点阵点时,称为素格子;当一个格子中含有一个以上点阵点时,称为复格子。在晶体学中,素格子的英文表达是"Primitive cell",通常用大写字母 P 来表示,而复格子的英文表达是"non-Primitive cell"。平面点阵对应的平移群就是两个向量的代数和,即:

一个平面点阵中,正确的平面格子只有一个,这就涉及平面格子的划分规则:格子划分不能是任意的,应尽量选取具有较规则的形状、面积较小的平行四边形单位。按此原则划分出的格子称为平面正当格子。因此,平面正当格子根据向量 a 和 b 的长度及夹角,可以分为 4 种形式、5 种形状(如图 2-7 所示):a 等于 b,角度为 $90°$;a 等于 b,角度为 $120°$;a 不等于 b,角度为 $90°$;以及 a 不等于 b,角度不等于 $90°$,也不等于 $120°$。对于第三种情况,面心还可以有阵点。而对于其他 3 种形式,从点阵的定义出发,不存在面心还可以有阵点的情况。因此平面正当格子一共是 4 种形式、5 种形状。

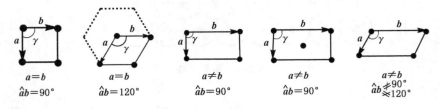

图 2-7 平面正当格子

2.1.5 空间点阵

在平面点阵的基础上,再增加一条与之不共面的直线点阵,就构成三维空间点阵。那么,选取三个不平行、不共面的单位向量 a,b,c,可将空间点阵划分为空间格子(图 2-8)。这样划分的空间格子一定是平行六面体。同时,空间点阵对应的平移群即为 3 个向量的加和，即：

$$T_{mnp} = m\boldsymbol{a} + n\boldsymbol{b} + p\boldsymbol{c}$$

其中，$m, n, p = 0, \pm 1, \pm 2, \cdots\cdots$

对于这样的平行六面体空间格子，它的阵点可以分布在顶点、棱边、面心以及体心。不同位置的阵点对格子的贡献不一样：顶点的阵点，对每单位的贡献是 1/8；棱边上的阵点，对每单位的贡献是 1/4；面心上的阵点，对每单位的贡献是 1/2；六面体体心内的阵点，对每单位的贡献是

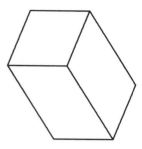

图 2-8　空间点阵

1。和平面点阵一样，空间点阵正当格子的划分也是有限的，空间点阵正当格子也称为 Bravais 格子，它的划取原则有 3 个：①要能充分反映整个空间点阵的周期性和对称性；②在满足条件①的基础上，单胞要具有尽可能多的直角；③在满足条件①、②的基础上，所选取单胞的体积要最小。根据这一原则，空间正当格子只有 7 种形状 14 种形式。

2.2　晶胞

我们在学习空间正当格子，也就是 Bravais 格子之前，先来了解晶胞及晶胞参数的概念。晶胞是晶体中能够反映晶体结构特征的基本重复单位，我们可以从两种角度来理解晶胞：第一个角度，晶体的结构是晶胞在空间连续重复延伸而形成的，如图 2-9a 是 NaCl 的晶体结构，同一个晶胞在不同方向上重复延伸，从而得到了真实的晶体；第二个角度，晶胞与晶体的关系如同砖块与墙的关系，如图 2-9b 所示，晶体是由一个一个晶胞垒起来的。对于一个晶胞，选取一个角作为原点，从原点出发的 3 个向量 $\{\boldsymbol{a}, \boldsymbol{b}, \boldsymbol{c}\}$ 构成了晶体的晶体学坐标轴。那么，3 个向量的长度 a，b，c 以及它们之间的夹角 α, β, γ 就称为这个晶胞的晶胞参数（图 2-10）。从这一点可以看出来，晶胞的结构特征就是晶胞参数，而晶胞就是空间正当格子。因此空间正当格子的划分就可以根据晶胞参数的变化来分类。

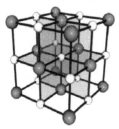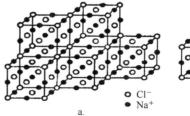

○ Cl⁻
● Na⁺

a.

b.

图 2-9　NaCl 的晶体结构与晶胞

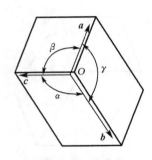

图 2-10　晶胞参数

下面我们来学习空间正当格子的划分,从这 6 个晶胞参数入手。我们在上一节学习过,空间正当格子的划分要有尽可能多的直角。因此,第一个空间格子称为立方格子,英文名称为"cubic",它的结构特征是 $a = b = c$,$\alpha = \beta = \gamma = 90°$,如图 2-11 所示,这种格子,只有顶点有阵点,称为素格子,用大写字母"P"表示,"P"是"Primitive"的意思;而它又是属于立方格子 cubic,因此用小写字母"c"和大写字母"P"组合表示。那么对于立方格子,还有没有其他位置有阵点的分布呢? 当然是有的,比如,在立方格子中心可以有一个阵点的存在,这种体心格子用"cI"表示,"I"的意思是"Body-Centred",此外,立方格子六个面的面心也可以有阵点的分布,这种面心格子用"cF"表示,"F"的意思是"Face-Centred"。对于立方格子,除了这 3 种情况以外,还有没有其他类型的阵点分布呢? 答案是没有,因为点阵中阵点需满足的条件是每个阵点周围的环境都相同,因此,立方格子只有上述 3 种形式。

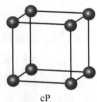
cP
P=Primitive(简单)

cI
I=Body-Centred(体心)

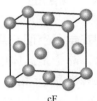
cF
F=Face-Centred(面心)

图 2-11　空间立方格子

在立方格子的基础上,我们先保持格子参数中的角度不变,改变一条棱边的长度,得到的空间格子称为四方格子(图 2-12),英文表达为"Tetragonal"。四方的素格子用"tP"来表示,此外,在四方格子的体心,也可以有阵点的分布,我们用"tI"来表示。除了这两种情况,四方格子不会再有其他类型的阵点分布。

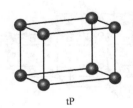
tP

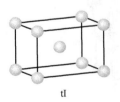
tI

图 2-12　空间四方格子

在四方格子的基础上,我们继续保持格子参数中角度不变,再改变另一条棱边的长度,使的 **a**,**b**,**c** 互不相等,所得空间格子称为正交格子,英文表达为"Orthorhombic"(图 2-13)。对于正交格子,它的阵点分布形式是最多的,有素格子(oP),体心格子(oI),面心格子(oF),还有边心格子(oC),"C"的意思是"Side-Centred",指的是边上的面心。因此,正交格子具有 4 种形式,这在所有空间格子类型中是最多的。

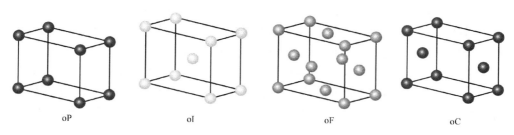

| oP | oI | oF | oC |

图 2-13　空间正交格子

在正交的基础上,我们再来改变格子参数中的角度,使得其中的一个角度不等于 90°,也不等于 120°,所得空间格子称为单斜格子,英文表达为"Monoclinic"(图 2-14),单斜体系除了素格子(mP)以外,还存在边心格子(mC)。在单斜的基础上,再改变另外一个角度,使得 α,β,γ 互不相等,且都不等于 90°,所得格子称为三斜,英文表达为"Triclinic"。三斜由于互不相等的棱边和夹角,它只存在素格子,并且,为了跟四方素格子区分,三斜素格子用"aP"表示。

除了上述 5 种格子类型以外,还有没有其他空间格子类型呢?答案是有的。在立方的基础上,继续保持棱边及角度都相等,但是角度不等于 90°,所得空间格子称为三方,英文表达为"Trigonal"。三方体系由于没有直角的存在,仅存在素格子。同样为了跟四方素格子区分,三方素格子用"hP"表示(图 2-14)。此外,在四方的基础上,我们把一个角度从 90°变为 120°,所得空间格子称为六方,英文表达为

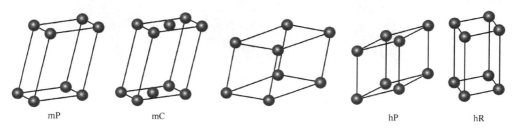

| mP | mC | | hP | hR |

图 2-14　其余空间格子

"Hexagonal"。由于这种特殊的 120°的角度,六方体系也仅存在素格子。同时,为了跟三方素格子区分,六方素格子用"hR"表示(图 2-14),R 指的是菱形六面体(Rhombohedral)。因此,空间正当格子的划分,根据晶胞参数的情况,分为 7 种形状,而这 7 种形状包含 14 种形式,即七大晶系、14 种布拉威格子。

最后,我们再来总体概括一下七大晶系的划分及它们之间的关联性(图2-15)。首先是立方晶系,它的未知数是棱边 a;改变一棱边,得四方晶系,它的未知数是棱边 a 和 c;再改变另一棱边,得正交晶系,它的未知数是棱边 a,b,c;再改变一角度,得单斜晶系,它的未知数是棱边 a,b,c 和角度 β;再改变另一角度,得三斜晶系,它的未知数是棱边 a,b,c 和角度 α,β,γ。此外,在四方晶系基础上,使一角度从 90°变为 120°,得六方晶系,它的未知数是棱边 a 和 c;最后,在立方晶系基础上,使角度不等于 90°,得三方晶系,它的未知数是棱边 a 和角度 α。在这 7 大晶系中,立方晶系有 3 种形式;四方晶系有 2 种形式;正交晶系有 4 种形式;单斜晶系有 2 种形式;三斜、三方、六方晶系都只有一种形式,一共 14 种形式。所有的晶体都属于这七大晶系、14 种布拉威格子。

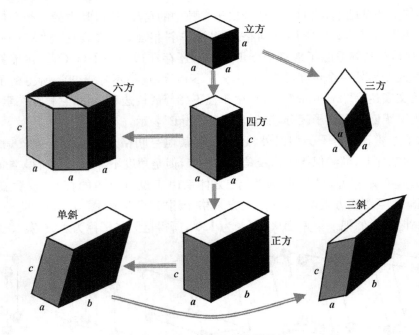

图 2-15 七大晶系的关联性

2.3 晶向、晶向指标、晶面、晶面指标

这一节的内容包括 4 个方面：晶向、晶向指标；晶面、晶面指标；六方晶系的晶面指标以及晶面族。我们为什么需要对晶体区分晶向和晶面呢？那是因为晶体是各项异性的，不同晶向、不同晶面，它们的性质会有所差异，所以，用不同的指标来表示，这种指标称为密勒指数（Miller Indices）。而六方晶系与其他六大晶系的密勒指数的表示方法有所差异，所以六方晶系的密勒指数需要单独讨论。此外，在晶体中，有很多不同的晶面属于等同晶面，它们可以通过对称操作转换，所以引入晶面族的概念。

2.3.1 晶向、晶向指标

在晶体中，任意两结点的结点列称为晶向。与此晶向相对应，一定有一组相互平行而且具有同一重复周期的结点列，所以，晶向指的是一个方向，而不是具体的位置。那么，晶向指标是什么意思呢？在一组相互平行而且具有同一重复周期的结点列中，选取其中通过原点的一根结点列，求该列离原点最近的结点的指数 u，v，w，并用方括号标记，那么$[uvw]$就是这个晶向的密勒指数，数字 u、v、w 之间没有间隔，也没有标点符号。那结点的指数 u、v、w 是怎么求取的呢？5 个步骤：①建立坐标系，结点为原点，三个棱边为坐标方向，点阵常数为单位；②在晶向上取任两点的坐标$(x_1, y_1, z_1)(x_2, y_2, z_2)$，在这种情况下，如果平移晶向或平移坐标，让第一点在原点，则下一步就更简单了；③两点的坐标相减，也就是计算$(x_2 - x_1)$：$(y_2 - y_1)$：$(z_2 - z_1)$的值；④上述值化成最小整数比 $u:v:w$；⑤放在$[uvw]$中，uvw 之间不加逗号，如果 uvw 中有负数，负号记在数字上方。

我们具体来看两个例子。如图 2-16 所示，在这样一个晶胞中，O 为原点，三个棱边为坐标方向，A 点为上面这个面的面心，求 OA 这个晶向的晶向指标。怎么求呢？由于是通过原点，只需要求出 A 点的坐标即可，OA 这个方向向量是$a/2 + b/2 + 1c$，除去点阵常数，A 点的坐标是 1/2,1/2,1，这 3 个数字要化为互质的整数，它们同时乘以 2，就得到最小整数 112，那么，$[112]$就是 OA 晶向的晶向指标。我们再来看另外一个方向，如何求 PQ 方向的晶向

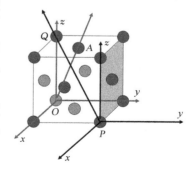

图 2-16 晶向

指标呢？我们可以把 P 点设置为原点，那么坐标系如图 2-16，现在只需要求出 Q 点的坐标即可。在新的坐标轴下，PQ 这个方向的向量是 $-1a-1b+1c$，除去点阵常数，Q 点的坐标是 $(-1,-1,1)$，这 3 个数字已经是最小互质整数了，因此，$[\bar{1}\bar{1}1]$ 就是 PQ 方向的晶向指标。在晶向指标中，负号记在对应数字上方。

2.3.2　晶面、晶面指标

在点阵中由结点构成的平面称为晶面。空间点阵划分为平面点阵的方式是多种多样的，不同的划法划出的晶面，其阵点密度是不相同的。这就意味着不同面上的作用力是不相同的，所以给不同面以相应的指标，我们用 (hkl) 来表示。国际上通用的是密勒指数，即用 h,k,l 三个数字来表示晶面指数。那么晶面指数是如何来标定的呢？三个步骤：①在一组相互平行的晶面中任选一个晶面，量出它在三个坐标轴上的截距，并用点阵周期 a,b,c 来度量。②假设截距为 r,s,t，取截距的倒数 $1/r,1/s,1/t$。③将这些倒数乘以分母的最小公倍数，把它们化为三个简单整数 h，k,l，并用圆括号括起来。使 $h:k:l=1/r:1/s:1/t$，则 (hkl) 就是待标晶面的晶面指数。

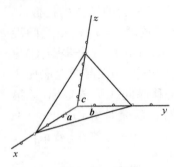

图 2-17　晶面

我们来看一个具体的例子，如图 2-17 所示，对于这样一个晶面，它的晶面指标怎么求呢？这个晶面在 3 个坐标轴上的截距 r,s,t 分别为 3,3,5，那么截距的倒数 $1/r:1/s:1/t=1/3:1/3:1/5$，对于这个倒数比，它们的最小公倍数是 15，于是，$1/r,1/s,1/t$ 分别乘 15 得到 5,5,3。这 3 个数字已经是互为质数的整数了。因此，这个晶面的晶面指标为 (553)。要注意的是，我们说 (553) 晶面，实际是指一组平行的晶面，并不是特指某一个晶面。

根据上述内容，我们可以得出晶面指数的特征：所有相互平行的晶面，其晶面指数相同，或者三个符号均相反。可见，晶面指数所代表的不仅是某一晶面，而且代表着一组相互平行的晶面，即与原点位置无关；每一指数对应一组平行的晶面。晶面指数中 h,k,l 是互质的整数。在一组相互平行的晶面中，总有一个晶面最靠近原点，这个晶面与 x、y、z 坐标轴的截距为：$a/h,b/k,c/l$。

前面介绍的晶面指数求取过程，需要晶面与 3 个坐标轴相截，而实际上，很多晶面是与坐标轴平行的，或者是过原点的，那么，它们的晶面指标如何求取呢？我们来看下面的例子。如图 2-18 所示，对于这样的一个晶胞，原点在 O 点，求晶面

$ABCD$ 的晶面指标,如何求呢? 我们还是按照前面介绍的步骤:原点在 O 点,那么,晶面 $ABCD$ 在 x 轴上的截距为 1,而在 y、z 坐标轴上没有截距,也就是截距都为 ∞,从而,截距的倒数分别为 1,0,0,这 3 个数字已经是互为质数的整数了,所以,晶面 $ABCD$ 的晶面指标为 (100)。由此,我们可以得出这样的结论:0 代表这个晶面与相应的坐标轴平行,如 (100) 就表示这个晶面同时与 y 轴和 z 轴平行。那如果一个晶面经过原点,比如晶面 $OCBE$,如何求取晶面指标呢? 这个时候,我们可以把坐标原点设在 $O*$ 的位置,此时,晶面 $OCBE$ 在三个

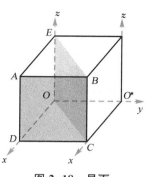

图 2-18　晶面

坐标轴上的截距分别为 1,-1,∞;因此,它们的倒数为 1,-1,0。所以,晶面 $OCBE$ 的晶面指标为 $(1\bar{1}0)$(其中负数用数字上加一横表示)。

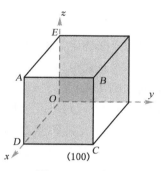

图 2-19　平行晶面

由于晶面指标仅表示晶面在空间的取向,而不是具体位置,因此,所有平行的晶面都拥有相同的密勒指数。比如,图 2-19 中 2 个灰色的晶面是平行的,前面这个晶面指标是 (100),而后面这个是 $(\bar{1}00)$,0 也是一 0,因此晶面指标 $(100)=(100)^-$,也就是一组平行的晶面 h、k、l 三个数字完全相同或者完全相反,即 $(hkl) = (hkl)^-$。

到这里,晶面与坐标轴相截、与坐标轴平行以及通过原点的情况我们都学习了,那么,我们来看一下立方晶系几组代表性晶面及其晶面指标。如图 2-20 所示,(100) 晶面表示晶面与 a 轴相截与 b 轴、c 轴平行;(110) 晶面表示与 a 和 b 轴相截,与 c 轴平行;(111) 晶面则与 a、b、c 轴相截,截距之比为 1:1:1。从这些图中,我们还可以很容易求出这 3 种类型晶面的晶面间距。比如 (100) 晶面的晶面间距很简单,就是点阵常数 a,而 (110) 晶面的晶面间距,其实就是这个底面对角线长度的一半,底面对角线长度为 $\sqrt{2}a$,因此,$d(110)$ 等于 $\sqrt{2}a/2$,即 $a/\sqrt{2}$。而对于 (111) 晶面,它的晶面间距等于立方体体对角线长度的 1/3,体对角线长度为 $\sqrt{3}a$,因此,$d(111)$ 等于 $\sqrt{3}a/3$,即 $a/\sqrt{3}$。从这里我们可以看出什么呢? 那就是晶面指标越高,晶面间距越小。

现在有一个问题:晶体的晶面指数的个数有上限吗? 例如 $(111\ 100\ 1)$ 这样的晶面有吗? 理论上讲,晶面指数的个数是无限的,只要能找到极端复杂的晶胞。但

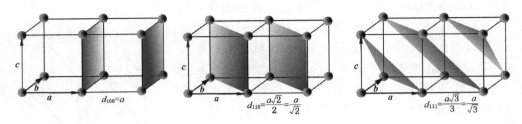

图 2-20　（100）、（110）、（111）在点阵中的取向

对实际的一个晶体，晶面的数目是一定的。同时，晶面指标越高，晶面间距越小。实际晶体的晶面间距必然有一定的大小，因此，实际晶面晶面指数的个数必然是有限的。

2.4　六方晶系的晶面指标

如图 2-21 所示，如果取 a_1、a_2 和 c 为晶轴，按三轴定向的方法确定晶面指数，那么六个柱面的晶面指数分别为多少呢？晶面 $ABDC$ 在 a_1 轴上截距为 1，与 a_2 和 c 轴平行，因此，它的晶面指标是（100）；同样的道理，晶面 $BEFD$ 的晶面指标是（010）；以此类推，剩余柱面的晶面指标分别是（$\bar{1}$10）、（$\bar{1}$00）、（0$\bar{1}$0）、（1$\bar{1}$0）。实际上，六方柱的 6 个柱面是等同面，但是，这种三轴定向的方法所确定的晶面指数不能显示出六次对称及等同面的特征，比如晶面指标（100）的数字没法跟（$\bar{1}$10）的数字等同转换。因此，对六方晶系往往采用四轴定向方法，称为密勒-布拉菲指数。

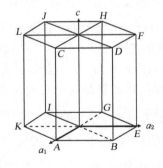

图 2-21　六方晶系

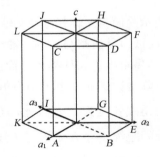

图 2-22　六方晶系

四轴定向需选取四个坐标轴，如图 2-22 所示，其中 a_1、a_2、a_3 在同一水平面上，之间的夹角为 120°，c 轴与这个平面垂直。这样求出的晶面指数由四个数字组

成,用$(hkil)$表示。这样我们来看,晶面$ABDC$在a_1轴上截距为1,在a_3轴上截距为-1,与a_2和c轴平行,因此,用四轴定向方法,晶面$ABDC$晶面指标是$(10\bar{1}0)$。同样,其他的五个柱面的晶面指数分别为:$(01\bar{1}0)$、$(\bar{1}100)$、$(\bar{1}010)$、$(0\bar{1}10)$、$(1\bar{1}00)$。这样,这六个柱面的晶面晶面指标都是有$1,-1,0,0$四个数字组成,这样的晶面指数可以显示出六方对称及等同晶面的特征。此外,通过数据分析,与三轴定向的方法比较起来,四轴定向中前三个数字存在如下关系:$h+k=-i$,因此,可以用此关系直接从三轴定向的晶面指标转化为四轴定向的晶面指标。

下面我们来看一个具体例子。用四轴定向方法,求出图2-23中灰色晶面的晶面指标。如何求呢?这个晶面在a_1、a_3以及c轴上的截距分别为$1,1,\infty$,因此,他们的倒数分别为$1,1,0$。这3个数字已经是互质的整数了。所以,四轴定向的晶面指标$(h\,k\,i\,l)$可以写成$(1\,k\,1\,0)$。由于前3个数字的关系是$i=-(h+k)$,所以,可以求出$k=-2$。因此,这个灰色晶面的晶面指标就是$(1\bar{2}10)$。其实除了这个方法,我们可以直接看晶面在4个轴上的截距。它在a_1、a_2、a_3和c轴上的截距分别为$1,-1/2,1,0$,

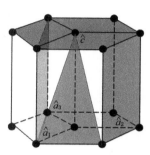

图2-23　六方晶系

那么,它们的倒数就是$1,-2,1,0$。以上就为我们利用四轴定向求取六方晶系晶面指标的两种方法。

2.5　晶面族

在同一晶体点阵中,有若干组晶面是可以通过一定的对称变化重复出现的,它们属于等同晶面,它们的面间距与晶面上的结点分布完全相同。那么,这些空间位向和性质完全相同的晶面的集合,就称为晶面族。晶面族的晶面指标的表示方法用$\{hkl\}$表示。比如,在立方晶系中,$\{100\}$晶面族包括立方体外部的六个晶面(100)、(010)、(001)、$(\bar{1}00)$、$(0\bar{1}0)$、$(00\bar{1})$,即3个数字的位置互换或完全相反。但是需要注意的是,在其他晶系中,通过数字位置互换而得到的晶面不一定属于同一晶面族。例如,四方晶系中由于点阵常数$a=b\neq c$,因此,$\{100\}$晶面族分为两组,一组包含(100)、(010)、$(\bar{1}00)$、$(0\bar{1}0)$晶面,就是四方体前后左右的晶面;另一组包含(001)、$(00\bar{1})$两个晶面,就是四方体上下的晶面。具体我们来看图2-24,对于左边这个立方体系,前后晶面的晶面指标是(100),左右晶面的晶面指标是(010),上下晶面的晶面指标是(001)。因此,对于立方晶系,$\{100\}=(100)$,(010),(001)这3个晶面。即,六个晶面可以通过对称操作等同。因此,即晶面族就是所有对称性关联的晶面的集合。而对于右边的四方晶体,由于 $a = b \neq c$,前后晶面(100)和左右晶面(010)是等同的,因此,{100} 四方 = (100),(010)。而上下晶面(001)跟前后左右晶面不等同,因此,它不属于{100}晶面族。

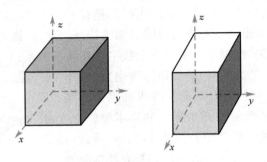

图 2-24   晶面族

那么,我们为什么要强调晶面族的概念呢?这其实跟 X 射线晶体衍射有关。通过 X 射线晶体衍射来解析晶体结构,我们得到的最直接的信息是晶面间距,这一内容将会在本课程 X 射线衍射部分介绍。但是,在某些晶系中,同一个晶面间距可能对应不同的晶面,这些具有相等晶面间距的晶面之间有可能通过旋转、平移等对称性操作重复,属于同一晶面族。所以,在单晶衍射的时间,晶面族可以帮助我们了解晶体结构的信息。

3 / 晶体的对称性

这一章的内容分为 4 个方面：①晶体的宏观对称性；②晶体的微观对称性；③点群；④空间群。在学习具体内容之前，我们先来了解它们之间的关系。首先是对称性相关的 3 个定义：①晶体的对称性，指的是经过某种动作后，晶体能够自身重合的特性；②对称操作：指的是使晶体自身重合的动作；③对称元素：指的是对称操作所依赖的几何要素。什么是晶体的宏观对称性呢？宏观对称性指的是晶体外部形态的对称性；晶体外部形态具有有限的大小，因此，所有的对称元素必须相交于晶体内部的某一点，因此，这种对称性又称为点对称性，点对称性的组合称为点群。而什么是晶体的微观对称性呢？微观对称性指的是晶体内部原子排列的对称性，它是晶体内部原子无限排列所具有的对称性。因此，晶体宏观对称性是晶体微观对称性的外在表现，而晶体微观对称性则是晶体宏观对称性的基础。

3.1 晶体的宏观对称性

宏观对称性所依赖的基本对称元素跟分子对称性是一样的，也就是点、线、面。对于点来说，就是晶体的对称中心。若物体中存在一点，使得物体中任意一点向此点引连线，并延长到反方向等距离处，能使物体复原，则这种操作就是反演，这一点称为对称中心或反演中心，用字母 i 表示。如图 3-1 左右两张图，它们的反演中心在他们自身的内部，而中间这张图则是晶体中 2 个单独的分子呈中心对称状分布。那么，问题来了，一个晶体中会有多少个对称中心呢？比如这三张图中，还能找出别的对称中心吗？答案是没有，晶体中最多可以有一个对称中心。

接下来我们来学习对称元素面的情况：通过物体中心的一个假想面，将物体平分为互为镜面反映的两个相等部分，这种操作称为反映操作；反映操作凭借的平面称为反映面或镜面，用"m"或"σ"表示。如图 3-2 所示，第一张图是 2 个独立的部分

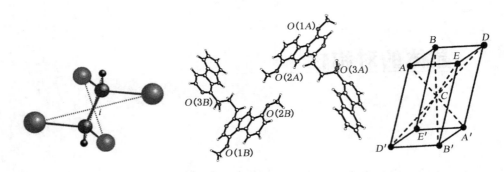

图 3-1　中心对称

呈镜面分布,中间这个面就是它们的镜面。而后两张图则是一个整体被一个假想的镜面分成两个相等部分。那我们再看第一张图,还找得到第二个镜面吗?显然找不到。那后面两张图呢,显然是可以有的。比如中间这张图,可以有平行于平面的一个镜面。而后面这张图存在的镜面就更多了,有垂直于平面的,也有穿过对角的。因此,晶体中可能存在一个或多个镜面。

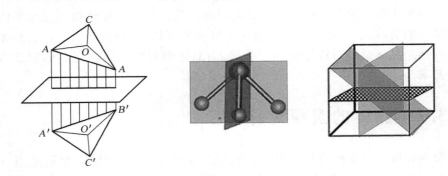

图 3-2　反映面

　　最后,我们来看基本对称元素线的情况,围绕线的对称操作是旋转,这种线就是旋转轴。将物体绕通过中心的轴旋转一定的角度使物体复原的操作就叫旋转操作,能使物体复原的最小旋转角(0°除外)称为基准角,用 γ 表示,比如图 3-3 中,左边图形的基准角是 $90°$,右边图形的基准角是 $120°$。物体旋转一周复原的次数称为旋转轴的轴次,用字母 n 来表示,那么,很显然 $n = 360°/\gamma$。对应的旋转轴用 C_n 来表示。所以,左边图形的轴的轴次是 C_4,右边图形的轴的轴次是 C_3。此外,图中的 C_4 和 C_3 轴也不是唯一的,在多个位置上都存在相应的轴。因此,晶体中可存在一条或多条旋转轴。

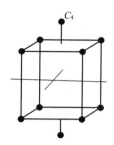 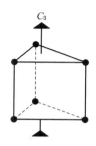

图 3-3　旋转轴

那么,晶体中旋转轴的轴次可以是多少呢? 要解决这个问题,我们需要用点阵结构来分析。如图 3-4 所示,从晶体的空间点阵中抽出一列阵点,$A_1A_2A_3A_4$,它们的点阵常数为 a,假设 A_1 围绕 A_2 旋转 $\alpha°$到相邻的一列阵点 B_1,那么 A_4 围绕 A_3 反方向旋转相同的角度,必然达到与 B_1 在同一条阵点列的 B_2。因此,B_1B_2 之间的距离必然是点阵常数为 a 的整数倍,我们用 ma 表示。m 可以取多少呢? 很显然,m 与 α 直接相关,α 越小,m 越大。如何求出它们之间的定量关系呢? 从 A_2A_3 点向 B 点列作垂线得 C、D 两点。ma 就可以分解为 $B_1C+CD+DB_2$。$CD=a$,而 B_1C 和 DB_2 分别为多少呢,它们都等于 a 乘以 $\cos\alpha$,因此,$ma=a+2a\cos\alpha$。通过等式变换,我们可以得出:$\cos\alpha=(m-1)/2$。对于 $\cos\alpha$ 来说,不管 α 是多少,它的值都在 -1 到 1 之间,而 m 又只能是整数,$\cos\alpha$ 等于 1 的时候,m 等于 3;而 $\cos\alpha$ 等于 -1 的时候,m 等于 -1,所以,m 能取的数值只有 $3,2,1,0,-1$ 这五个。这五个数值所对应的基转角 α 分别是:$0°,60°,90°,120°,180°$。再根据轴次与基转角的关系,这五个基转角所对应的轴次分别是 $1,6,4,3,2$。因此,晶体的宏观对称性受晶体周期性的限制,在晶体中,只可能出现轴次为 1 次、2 次、3 次、4 次和 6 次对称轴,而不可能存在 5 次和高于 6 次的对称轴。5 次和高于 6 次的对称轴只在准晶中存在。

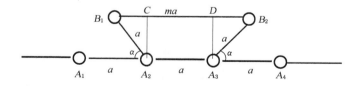

图 3-4　点阵结构

3.2 宏观对称元素的组合与耦合

晶体宏观对称性的 3 种基本对称元素在晶体中并不全是独立存在的,它们还可以耦合和组合。对称元素的耦合称为 Coupling of Symmetry Elements,这种情况不会产生新的对称元素;但是对称元素的组合 Combination of Symmetry Elements 会产生新的对称元素。

3.2.1 对称元素的耦合

常见的对称元素的耦合有两种情况。第一种是旋转和反演的耦合,旋转和反演的复合操作构成一个不同于旋转和反演的对称群。具体操作是:晶体绕某一固定轴旋转后,再经过中心反演,晶体能自身重合,则称该轴为 n 次旋转反演轴,也称为反轴,通常以 $(-n)$ 来表示 n 度旋转反演轴。那么旋转反演轴的轴次可以是多少呢? 很明显,因为是先旋转再反演,所以,反轴的轴次和旋转轴是一样的,只有 1 次、2 次、3 次、4 次和 6 次反轴。我们具体来看一下这 5 个反轴。首先是一重反轴,如图 3-5 所示,点 1 先旋转 360°,再反演到点 2,那么点 1 和点 2 之间就是一重反轴对称。而实际上点 1 和点 2 本身也是中心对称的关系,所以,一重反轴就等于反演中心。对于二重反轴,点 1 先旋转 180°到点 1′,再反演到点 2,那么点 1 和点 2 之间就是二重反轴对称。而实际上点 1 和点 2 也是镜面的关系,所以,二重反轴就等于镜面。我们再来看三重反轴,图中点 1,3,5 和点 2,4,6 之间就是三重反轴的关系,点 1,3,5 分别绕同一方向旋转 120°,还是占据原来的位置,再经过中心反演,到点 2,4,6 的位置。在这种情况下,点 1,3,5 和点 2,4,6 同时旋转 120°,再同时中心反演,又回到原来的状态。因此,三重反轴可以分解为简单对称元素三重旋转轴＋反演中心。

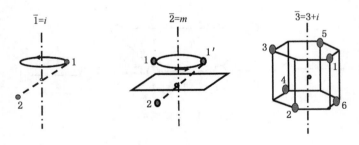

图 3-5　旋转反演轴

我们再来看六重反轴,图 3-6a 中,上面的 $11'33'55'$ 和下面的 $22'44'66'$ 之间就是六重反轴对称。上面的点旋转 $60°$,再经过中心反演,就和下面的点重合。在这种情况下,上面和下面所有的点同时旋转 $120°$,再经过镜面反映,可以和原来的图形重合,因此,六重反轴可以分解为简单对称元素三重旋转轴+镜面。最后,我们来看四重反轴,图 3-6b 中,上面的 $11'33'$ 和下面的 $22'44'$ 之间就是四重反轴对称。上面的点旋转 $90°$,再经过中心反演和下面的点重合。在这种情况下,如果所有的8 个点同时旋转 $90°$,找不到别的对称方式让图形复原。因此,四重反轴是不可以用简单对称元素来代替的。此外,对于 1234 这种正四面体结构,以及 $1'2'3'4'$ 这种正四面体结构,它们的对称元素也都是四重反轴。我们在写晶体的对称要素时,要保留四重反轴和六重反轴,而别的反轴用简单对称要素代替,这是因为四重反轴不能被代替,而六重反轴在晶体对称分类中有特殊的意义,它是六方晶系所特有的。

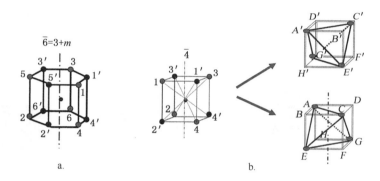

图 3-6 旋转反演轴

3.2.2 对称元素的组合

对称元素的组合,就是旋转和镜面的组合。如图 3-7 所示,上下的图形不是镜面的关系,因为它们有一定的倾斜角度。它们的对称关系是:先沿着这条倾斜的轴旋转 $180°$,然后在垂直于这条二重旋转轴的方向上找到一个镜面进行反映,图形和原来的重合。这样,就产生了新的对称元素,即旋转轴加上垂直于旋转轴的镜面,用 $2/m$ 表示,"/"表示两

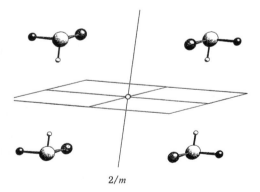

图 3-7 对称元素的组合

侧的对称元素是垂直关系。

3.2.3 宏观对称性举例

立方体的宏观对称性有多少个对称操作呢？如图 3-8 所示，首先是四重旋转轴，它有 3 条，穿过 3 组面心，每一条四重轴可以旋转 3 次，这样就产生 9 个对称操作；然后是三重旋转轴，一共有 4 条，穿过立方体对角线，每一条三重轴可以旋转 2 次，这样就产生 8 个对称操作；接着是二重旋转轴，一共有 6 条，穿过对角棱边中心，每一条二重轴可以旋转 1 次，这样就产生 6 个对称操作；此外，立方体还有一个一重旋转轴，产生 1 个对称操作。这样，已指明的对称操作一共是 $9+8+6+1=24$ 个。那么，还有没有别的对称操作呢？答案是有的，因为对于立方体来说，所有的旋转轴同时也是反轴，因此，反轴的对称操作也是 24 个。所以，一个立方体的宏观对称操作一共有 48 个，这在所有的多面体里面是最多的。通常，对称操作越多，相应对称性就越高。

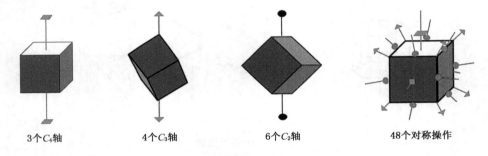

3个 C_4 轴　　　　　4个 C_3 轴　　　　　6个 C_2 轴　　　　　48个对称操作

图 3-8　立方体的宏观对称性

我们再来看正四面体的宏观对称性：如图 3-9a 所示，把正四面体放在立方体框架中，它有 4 条三重旋转轴，每一条三重轴可以旋转 2 次，这样就产生 8 个对称操作；3 条二重旋转轴，穿过对角棱边中心，每一条二重轴可以旋转 1 次，这样就产生 3 个对称操作；一个一重旋转轴，产生 1 个对称操作；一共是 $8+3+1=12$ 个，再加上 12 个反轴，一共是 24 个对称操作。最后，我们来看六方柱的对称操作：如图 3-9b 所示，1 条六重旋转轴，产生 5 个对称操作，3 条穿过柱面面心的二重旋转轴和 3 条穿过棱边中心的二重旋转轴，可产生 6 个对称操作，加上一个一重旋转轴，产生 1 个对称操作，一共是 12 个对称操作，最后再加上 12 个反轴，同样也是 24 个对称操作。

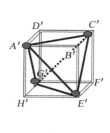

a. 正四面体

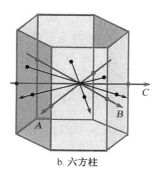

b. 六方柱

图 3-9　正四面体和六方柱的宏观对称性

3.3　晶体的微观对称性

3.3.1　平移对称性

和宏观对称性比较起来,晶体的微观对称性是在宏观对称性的基础上加上平移对称性。晶体是点阵,与点阵相应的对称动作是平移,进行平移动作时,每一点都动。在动作进行后,仿佛每一点都没有动,因此,平移必然为无限图形所具有,它是晶体最本质的对称操作。由于是无限图形,因此平移对称的阶次为无穷大。但我们要注意的是,平移只能使相等图形叠合,不能使左右形叠合,比如呈镜像的左右形,无法通过平移叠合。

平移一样可以与对称元素组合和耦合。我们首先来看平移与对称元素的组合,如图 3-10a 图所示,第一个是平移和反演中心的组合,在立方体一个顶角存在反演中心,通过平移,可以在立方体的所有顶角产生相同的反演中心,进而在立方

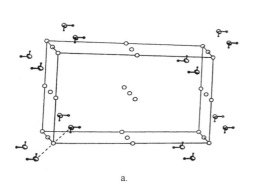

a.

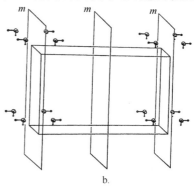

b.

图 3-10　平移与对称元素的组合

体棱边中心、面心和体心,均产生新的反演中心。平移还可以和镜面组合,如图 3-10b 所示,立方体的一个顶点存在镜面,通过平移,所有顶点都能产生镜面,同时,立方体中部也产生新的镜面。

3.3.2 滑移反映面

平移可以分别与镜面和旋转轴耦合。平移和镜面的耦合产生滑移反映面(简称滑移面);平移和旋转轴的耦合产生螺旋轴。滑移面指的是先沿着某一平面进行反映,再平行于该平面平移一定距离,使结构中的每个质点均与原来的质点重复。这种滑移面是一个假想面,它对应的动作阶次为无穷大。我们来看几个例子,如图 3-11 所示,图 3-11a 的 NaCl 的晶体结构中,相邻的晶面先通过两个晶面中心的镜面进行反映,再平移一个晶格的距离,相邻 2 个晶面重合。又如图 3-11b,无限长分子中可以找到这样一个滑移面,反映之后,平移 1/2 个点阵周期,图形跟原来重合。再来看多个部分的结构,右图中分子 1、3、5 之间的对称关系就是滑移面,分子 1 通过反映,到假想态分子 2,分子 2 通过平移 1/2 个点阵常数与分子 3 重合;同样,分子 3 通过反映,到假想态分子 4,分子 4 通过平移 1/2 个点阵常数与分子 5 重合。此外,分子 1 和 3、3 和 5 都属于左右形,滑移反映动作进行一次能使左右形重合。

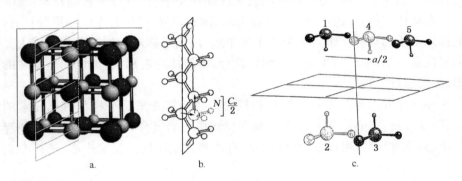

a.　　　　　　b.　　　　　　c.

图 3-11　滑移反映面

那么,滑移面中的镜面与平移距离是不是任意的呢?显然不是,由于点阵结构的周期性,镜面的取向与平移的距离只有有限的几种。在晶体中,滑移面按滑移的方向和距离可分为 a、b、c、n、d 五种。a、b、c 为轴向滑移,移距分别为 $a/2$,$b/2$,$c/2$,如图 3-12a、b、c 所示,图 3-12a 中上面的阵点沿着 a 轴平移 1/2 个点阵常数,再通过镜面反映,跟下面的阵点重合;图 3-12b 中,上面的阵点沿着 b 轴平移 1/2 个点阵常数,再通过镜面反映,跟下面的阵点重合;图 3-12c 中,右边的阵点沿着 c 轴平移 1/2 个点阵常数,再通过镜面反映,跟左边的阵点重合;n 为对角线滑移,移距为 $(a+b)/2$ 或 $(b+c)/2$ 等,比如图 3-12d 中这种点阵,上面的点沿着 ab 面对角线平移 $(a+b)/2$ 的距离,再通过镜面反映,跟下面的阵点重合;d 为金刚石型滑移,移距为 $(a+b)/4$,等,如图 3-12e 中的这种点阵,上面的阵点沿着体角线平移 $(a+b)/4$ 的距离,再通过镜面反映,跟下面的阵点重合。滑移面在晶体中非常常见,比如,很多手性分子通常以消旋体的形式结晶,这种晶体中,两种对映体通常交替地以滑移面的形式排列。如图 3-13 所示,这两种对映体以沿着 a 轴滑移面的方式交替排列。

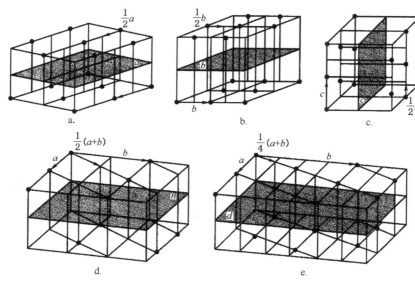

图 3-12　晶体中的滑移面

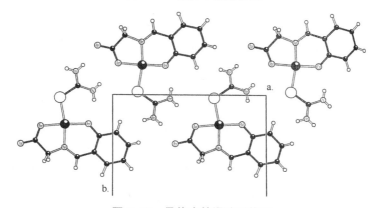

图 3-13　晶体中的滑移面堆积

37

3.3.3 螺旋轴

与螺旋轴相应的对称动作是旋转和平移组成的复合对称动作。动作进行时,先绕一直线旋转一定的角度,然后在与此直线平行的方向上进行平移(也可以先平移后旋转)能使图形复原,那么这种直线就称为螺旋轴。需要注意的是,螺旋轴对称动作只能使相等图形重合而不能使左右形重合。螺旋轴的符号是字母 n 加上下标 $m(n_m)$,n 表示螺旋轴的阶次,m 代表螺距,通常,$1 \leqslant m \leqslant n-1$。那么,螺旋轴的阶次 n 可以为多少呢?既然有旋转,那就跟普通的旋转对称操作是一样的,螺旋轴只有 2,3,4,6 这 4 种阶次。对于 2 次螺旋轴,m 只能取 1,如图 3-14a 所示,这是 2_1 螺旋轴,整体旋转 180°,再平移 1/2 个点阵常数,分子 1 与 2 重合;2 与 3 重合。对于 3 次螺旋轴,m 可取 1 和 2,如图 3-14b 所示,这是 3_1 轴,旋转 120°,再平移 1/3 个点阵常数,分子 1,3,分别与 2,4 重合;图 3-14c 所示 3_2 轴,旋转 120°,再平移 2/3 个点阵常数,分子 1,2 分别与 3,4 重合。

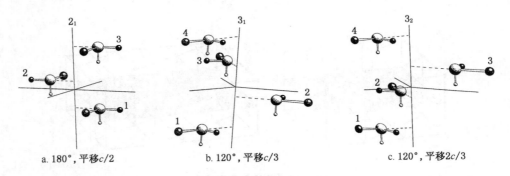

a. 180°,平移 $c/2$　　　b. 120°,平移 $c/3$　　　c. 120°,平移 $2c/3$

图 3-14　晶体中的螺旋轴

对于 4 次螺旋轴,m 可取 1,2,3。如图 3-15 所示,对于 4_1 轴,旋转 90°,平移 1/4 个点阵常数,分子 1 到 2,2 到 3,3 到 4,4 到 5 的位置;对于 4_2 轴,旋转 90°,平移 1/2 个点阵常数,分子 1 到 3,2 到 4,3 到 5,4 到 6 的位置;对于 4_3 轴,旋转 90°,平移 3/4 个点阵常数,分子 1 到 4,2 到 5 的位置。

对于 6 次螺旋轴,如图 3-16 所示,6_1 轴,旋转 60°,平移 1/6 个点阵常数,分子 1 到 2,2 到 3,3 到 4,4 到 5,5 到 6,6 到 7 的位置;6_2 轴,旋转 60°,平移 1/3 个点阵常数,分子 1 到 3,2 到 4,3 到 5,4 到 6,5 到 7,6 到 8 的位置;6_3 轴,旋转 60°,平移 1/2 个点阵常数,分子 1 到 4,2 到 5,3 到 6,4 到 7,5 到 8,6 到 9 的位置;6_4 轴,旋转 60°,平移 2/3 个点阵常数,分子 1 到 5,2 到 6,3 到 7,4 到 8 的位置;6_5 轴,旋转 60°,平移 5/6 个点阵常数,分子 1 到 6,2 到 7 的位置。

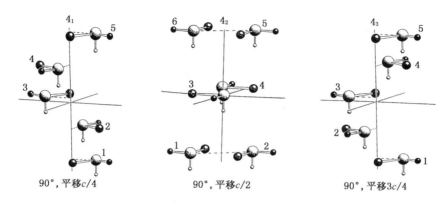

图 3-15　晶体中的四重螺旋轴

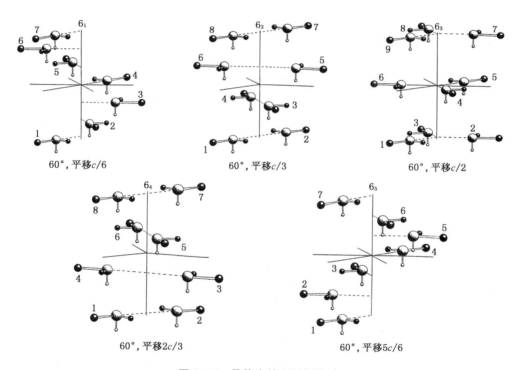

图 3-16　晶体中的六重螺旋轴

因此，根据上面的讨论，螺旋轴根据轴次和螺距，可分为 2_1；3_1、3_2；4_1、4_2、4_3；6_1、6_2、6_3、6_4、6_5 共 11 种。那么，这些不同的螺旋轴之间有什么关系呢？举个例子，4_1 意为按右旋方向旋转 90°后移距 1/4 个点阵常数；而 4_3 意为按右旋方向旋转 90°

后移距 3/4 个点阵常数。4_1 和 4_3 是什么关系？4_3 在旋转 2 个 90°后移距 $2 \times 3T/4$ = $1T + T/2$ 个点阵常数；旋转 3 个 90°后移距 $3 \times 3T/4 = 2T + T/4$ 个点阵常数。整体个点阵常数相当于没有移动，因此，4_3 相当于旋转 270°移距 T/4 个点阵常数，也就是反向旋转 90°移距 T/4 个点阵常数。所以：4_1 和 4_3 是旋向相反的关系。因此在晶体中有这样的规定，4_1 为右旋，4_3 则为左旋。而螺旋轴的国际符号 n_m，是以右旋为准的。因此，如果 $0 < m < n/2$，为右旋螺旋轴（包括 3_1、4_1、6_1、6_2）；如果 $n/2 < m < n$，为左旋螺旋轴（包括 3_2、4_3、6_4、6_5）；而 $m = n/2$，为中性螺旋轴（包括 2_1、4_2、6_3）。

上述就是晶体微观对称性的主要内容，我们最后来总结一下：如表 3-1 所示，晶体微观对称性包括滑移面和螺旋轴。滑移面一共有 5 个取向（a、b、c、n、d），不同的取向有平移距离；而螺旋轴包括 2、3、4、6 四种情况，特定的旋转角度对应特定的螺距。利用所有的宏观对称性和微观对称性的对称元素，就能推导出描述晶体所有可能的内部对称性排列的 230 个空间群，从而构建了晶体学理论的基本框架。

表 3-1　晶体中的滑移面和螺旋轴

对称元素	符号	平移量
轴滑移面	a、b、c	$a/2$、$b/2$、$c/2$
对角滑移面	n	$(a+b)/2$ 或 $(a+c)/2$ 或 $(b+c)/2$
菱形滑移面	d	$(a\pm b)/4$ 或 $(a\pm c)/4$ 或 $(b\pm c)/4$
二重螺旋轴	2_1	$a/2$ 或 $b/2$ 或 $c/2$
三重螺旋轴	3_1、3_2	$c/3$、$2c/3$
四重螺旋轴	4_1、4_2、4_3	$c/3$、$2c/3$、$3c/4$
六重螺旋轴	6_1、6_2、6_3、6_4、6_5	$c/6$、$2c/6$、$3c/6$、$4c/6$、$5c/6$

3.4　点群

不管是点群还是空间群，它们都是对称元素的组合，那么对称元素的组合要遵循哪些规则呢？有 6 条规则：①使用最少量的对称操作来描述对称性；②主轴写在前，副轴写在后，如：42；③当一镜面平行某一旋转轴，先写轴后写面，如：4m；④当一镜面垂直某一旋转轴，也是先写轴后写面，记作"轴/m"；⑤当两镜面分别垂直和平行于某一旋转轴时，记作"轴/mm"；⑥反轴跟旋转轴一样，也采用相同的表达方式。

点群是点对称的集合,晶体学中,把点对称元素通过一个公共的点,按所有可能组合起来,如图 3-17 所示,一共有 32 种,分为 8 个大类。第一大类是旋转轴,用大写字母 C 表示,C 是熊弗利斯符号,也可以直接用数字表示,数字是国际符号。旋转轴一共是 5 种类别。第二大类是旋转轴加上垂直于该轴的对称平面,也是 5 种类别,熊弗利斯符号小写字母 h 表示与主轴垂直的对称面、小写字母 s 表示对称面。比如,1h 是垂直于一重轴的对称平面,也就是对称面 s。第三大类是旋转轴加通过该轴的镜面,也就是平行于该轴的镜面,有 4 种类别,熊弗利斯符号小写字母 v 表示通过主轴的对称面。第四大类是旋转反演轴,共三种类别,也就是对称中心、四重反轴、六重反轴。熊弗利斯符号小写字母 i 表示对称中心、大写字母 S 表示反轴群、小写字母 d 表示等分两个副轴的交角的对称镜面,这跟我们前面介绍的六重反轴等同于三重旋转轴加镜面是同样的意思。第五大类是旋转轴(n)加 n 个垂直于该轴的二次轴,共 4 种类别,熊弗利斯符号用大写字母 D 来表示。第六大类是旋转轴(n)加 n 个垂直于该轴的二次轴和镜面,共这 4 种情况。第七大类是 D 群附加对角竖直平面,即与 D 群平行的面,共 2 种情况。第八大类是立方体群,大写字母 T 表示正四面体群、大写字母 O 表示八面体群,共 5 种情况。

- ✓ **1. 旋转轴(C=cyclic):C_1, C_2, C_3, C_4, C_6; 1,2,3,4,6**

- ✓ **2. 旋转轴加上垂直于该轴的对称平面 $C_{1h}=C_s, C_{2h}, C_{3h}, C_{4h}, C_{6h}$; m,2/m,3/m, 4/m, 6/m**

- ✓ **3. 旋转轴加通过该轴的镜面:$C_{2v}, C_{3v}, C_{4v}, C_{6v}$; mm2,3m,4mm,6mm**

- ✓ **4. 旋转反演轴:$S_1 = C_i$, S_4, $S_6 = C_{3d}$; -1,-4,-6**

- ✓ **5. 旋转轴(n)加n个垂直于该轴的二次轴:D_2, D_3, D_4, D_6; 222,32,422,622**

- ✓ **6. 旋转轴(n)加n个垂直于该轴的镜面:$D_{2h}, D_{3h}, D_{4h}, D_{6h}$; mmm,3/mm,4/mm,6/mmm**

- ✓ **7. D群附加对角竖直平面:D_{2d}, D_{3d}; -42m,-3m**

- ✓ **8. 立方体群:T, T_h, O, T_d, O_h; 23,m3,432,-43m,m3m**

图 3-17　晶体学点群

晶体点群的对称性跟晶体的物理性能息息相关。从晶体的点群对称性,可以判明晶体有无对映体、旋光性、压电效应、热电效应、倍频效应等。如表 3-2 所示,倍频效应出现在 18 种不含对称中心的点群,压电性出现在 20 种不含对称中心的点群(432 除外),旋光性出现在 15 种不含对称中心的点群,热电性出现在 10 种只含一个极性轴的点群,因此,反过来,在晶体结构分析中,我们可以借助物理性质的测量结果判定晶体是否具有对称中心。

表 3-2 晶体点群的对称性

对称特性		国际符号	完全国际符号	对称特点	对称元素
21 种非中心对称	11 种纯旋转结晶学点群	1	1		E
		2	$\bar{1}$		E, i
		3			
		4			
		6			
		222			
		32			
		422			
		622			
		23			
		432			
	10 种新点群	m	2	一个二次旋转轴,镜面对称	E, C_2
		mm^2	m		E, σ_h
		$\bar{4}$	$\dfrac{2}{m}$		E, C_{2n}, i, σ_h
		$\bar{4}\,m^2$			
		4 mm			
		3 mm			
		$\bar{6}$			
		$\bar{6}\,m^2$			
		6 mm			
		$\bar{4}3\,m$			

（续表 3-2）

对称特性	国际符号	完全国际符号	对称特点	对称元素
11 种中心对称点群	$\bar{1}$	222	三个互相垂直的二次旋转轴	$E,C_2,C_2'\ C_2'$
	2/m	mm^2		E,C_2,σ_v,σ_v
	$\bar{3}$	$\dfrac{222}{mmm}$		
	4/m			
	6/m			
	mmm			
	$\bar{3}m$			$E,C_2,C_2'\ C_2'\ i,\sigma_v,\sigma_v$
	4/mmm			
	6/mmm			
	m^3			
	mmm			

3.5　空间群

3.5.1　空间对称动作

空间群所对应的就是空间对称动作。与平移、螺旋轴和滑移面相应的对称动作进行时,空间的每一点都动了,动作后整个空间仿佛没有动,我们称之为空间对称动作。空间对称动作的阶次为∞,对称类型称为空间群。我们前面学习了与旋转轴、反映面、对称中心、反轴相应的对称动作,它们在进行时至少有一点保持不动,这样的对称动作称为点动作。点动作在有限对称图形(如晶体宏观对称性)中有,在无限周期重复对称图形中(如晶体的点阵结构中)也有。与点群相比,空间群只是多了平移成分,因此,从微观对称元素组合原理可推得这样一个结论:平移不会改变螺旋轴和滑移面在空间的取向及基本动作(如螺旋轴的轴次、滑移面的反映)。平移只能改变对称元素的位置和滑移分量。因此,从点群出发得到空间群时,相应对称元素之间的角度关系是与该点群相同的,那么,与一个点群对称元素角度关系相同的所有空间群称为与该点群同形的空间群。显然,这些空间群之间也是同形的。

根据上述讨论,在空间对称动作中,使得对称图形复原的对称动作一共有七大类,如图 3-18 所示,包括反映、反演、旋转、旋转反演、平移、螺旋旋转、滑移反映。这七大类对称动作中,旋转、平移和螺旋旋转不能使左右形重合,只能使相等图形重合。而反映、反演、旋转反演和滑移反映,能使左右形重合。而上述七种空间对称动作所包含的独立对称元素也是七大类,即旋转轴、对称中心、镜面、反轴、螺旋轴、滑移面和平移。这七大类对称元素在空间的所有可能组合所表现出的对称性的集合即为空间群,它反映了晶体微观结构的全部对称性。

- ✓ **旋转轴: 1, 2, 3, 4, 6**
- ✓ **对称中心: $\bar{1}$**
- ✓ **镜面: m**
- ✓ **反轴: $\bar{4}$**
- ✓ **螺旋轴: 2_1, 3_1, 3_2, 4_1, 4_2, 4_3, 6_1, 6_2, 6_3, 6_4, 6_5**
- ✓ **滑移面: a, b, c, n, d**
- ✓ **平移**

图 3-18　晶体的空间对称动作

3.5.2　空间群

空间群的国际符号与点群的基本一样,只是在对称类型的符号前面加上空间格子类型。但它也是有特殊规则的,在表达对称元素时尽量写滑移面,只有在滑移面不存在时才写旋转轴。空间群国际符号的三个方向按晶系定向。并且,在三个方向找对称元素时,有时在同一方向的不同位置有几种对称元素,这种情况下,采取的规则是:对于反映面按 m, a, b, c, n, d 的顺序,有前者又有后者时尽量写前者;而对于旋转轴,尽量采用比较对称的写法,也就是三个方向上都写相同的旋转轴。

此外,不同的晶格有特征对称方向,在写对称元素的时候,只要写特征对称方向上的对称元素。具体如表 3-3 所示:三斜体系,本身就只有一个对称中心,无特征对称方向,它的对称元素只有 1 或 -1;单斜体系,由于 β 是单斜角,因此,它的特征对称方向是 b 轴,所以只需要列出 b 轴方向的对称元素,如:$2, 2/m$;正交体系,三个垂直方向均为特征对称方向,所以,它的对称元素需要同时列出 3 个轴向的,如:$mm2$;四方体系,第一个特征对称元素是 c 方向的四重旋转轴,此外,它在 a 方向和 ab 面的对角线方向,也可以是特征对称方向,因此,它的对称元素可以只写 c 轴方向的，也可以写三个方向的，如：$4,\bar{4},4/mmm$；三方体系和六方体系类似，它们的第一个特征对称方向分别是 c 轴的三重旋转轴和六重旋转轴，此外，在 a 方向和 $[210]$ 的对角线方向也可以是特征对称方向，因此，它们的对称元素可以只写 c 轴方向的，也可以写三个方向的；对于立方体系，第一个特征对称方向是 c 轴（$=a=b$）的二重或四重对称，也可以是垂直于轴的面；第二个特征对称方向是沿体对角线 $[111]$ 的三重旋转轴；此外，沿面心 $[110]$ 方向，也可能有第三个特征对称方向，这就是面心立方了。因此，它的对称元素可以写两个方向的，也可以写三个方向的。根据上述特征对称方向的对称元素，我们很容易了解格子类型。比如：如果三重旋转轴在第一个位置，晶体必然是三方；而如果三重旋转轴在第二个位置，晶体必然是立方。

表 3-3　晶体的特征对称方向

晶系	Order of directions	Examples
三斜晶系	—	$1,\bar{1}$
单斜晶系	b	$2,2/m$
正交晶系	a,b,c	$mm2$
四方晶系	$c,a,[110]$	$4,\bar{4},4/mmm$
三方晶系	$c,a,[210]$	$3,\bar{3}m1,31m$
六方晶系	$c,a,[210]$	$6/m,\bar{6}2m$
立方晶系	$c,[111],[110]$	$23,m\bar{3}m$

　　下面我们来看空间群国际符号的具体例子呢，比如，国际符号的格式：$C\,2/c$；$Pnma$ 分别是什么意思呢？符号中，第一个斜体大写字母表示 Bravais 点阵的种类，后面最多三个位置，表示主要的对称操作，字母用斜体，数字用正体。那么 C 指的是什么格子呢？C 是 side-centred，只有单斜和正交体系才有，$2/c$ 指的是垂直于二重旋转轴的滑移面。根据前面的介绍，正交是 3 个方向都有特征对称元素，因此 $C2/c$ 是单斜体系，$2/c$ 是 b 方向的特征对称元素。对于 $Pnma$，很明显，这是正交体系，nma 分别对应与 abc 方向的滑移面、镜面和滑移面。

　　根据以上描述，可以对晶体学 230 个空间群进行分布和分类（表 3-4）：三斜晶系，2 种空间群；单斜晶系，13 种空间群；正交晶系，59 种空间群；三方晶系，25 种空间群；四方晶系，68 种空间群；六方晶系，27 种空间群；立方晶系，36 种空间群。所有空间群中，有对称中心的 90 个，无对称中心的 140 个。此外，所有空间群中，点式群 73 个，非点式群 157 个。

表 3-4　晶体学空间群

晶系	点群		空 间 群							
	国际符号	熊弗利斯符号								
三斜晶系	1	$C1$	$P1$							
	$\overline{1}$	Ci	$P\overline{1}$							
单斜晶系	2	$C_2^{(1-3)}$	$P2$	$P21$	$C2$					
	m	$C_3^{(1-4)}$	Pm	Pc	Cm	Cc				
	$2/m$	$C_{2h}^{(1-6)}$	$P2/m$	$P21/m$	$C2/m$	$P2/c$	$P21/C$	$C2/c$		
正交晶系	222	$D_2^{(1-9)}$	$P222$	$P2221$	$P21212$	$P212121$	$C2221$	$C222$	$F222$	$I222$	$I212121$
	$mm2$	$C_{2v}^{(1-22)}$	$Pmm2$	$Pmc21$	$Pcc2$	$Pma2$	$Pca21$	$Pnc2$	$Pmn21$	$Pba2$	$Pna21$
			$Pnn2$	$Cmm2$	$Cmc21$	$Ccc2$	$Amm2$	$Abm2$	$Ama2$	$Aba2$	$Fmm2$
			$Fdd2$	$Imm2$	$Iba2$	$Ima2$					
	mmm	$D_{2h}^{(1-28)}$	$Pmmm$	$Pnnn$	$Pccm$	$Pban$	$Pmma$	$Pnna$	$Pmna$	$Pcca$	$Pbam$
			$Pccn$	$Pbcm$	$Pnnm$	$Pmmn$	$Pbcn$	$Pbca$	$Pnma$	$Cmcm$	$Cmca$
			$Cmmm$	$Cccm$	$Cmma$	$Ccca$	$Fmmm$	$Fddd$	$Immm$	$Ibam$	$Ibca$
			$Imma$								
四方晶系	4	$C_4^{(1-6)}$	$P4$	$P41$	$P42$	$P43$	$I4$	$I41$		
	$\overline{4}$	$S_4^{(1-2)}$	$P\overline{4}$	$I\overline{4}$						
	$4/m$	$C_{4h}^{(1-6)}$	$P4/m$	$P42/m$	$P4/n$	$P42/n$	$14/m$	$141/a$		
	422	$D_4^{(1-10)}$	$P422$	$P4212$	$P4122$	$P41212$	$P4222$	$P42212$	$P4322$	$P43212$	$I422$
			$I4122$								
	$4mm$	$C_{4v}^{(1-12)}$	$P4mm$	$P4bm$	$P42cm$	$P42nm$	$P4cc$	$P4nc$	$P42mc$	$P42bc$	$14mm$
			$I4cm$	$141md$	$141cd$						
	$\overline{4}2m$	$D_{2d}^{(1-12)}$	$P\overline{4}2m$	$P\overline{4}2c$	$P\overline{4}21m$	$P\overline{4}21c$	$P\overline{4}m2$	$P\overline{4}c2$	$P\overline{4}b2$	$P\overline{4}n2$	$I\overline{4}m2$
			$I\overline{4}c2$	$I\overline{4}2m$	$I\overline{4}2d$						
	$4/mmm$	$D_{4h}^{(1-20)}$	$P4/mmm$	$P4/mcc$	$P4/nbm$	$P4/nmc$	$P4/mbm$	$P4/mnc$	$P4/nmm$	$P4/ncc$	$P42/mmc$
			$P42/mcm$	$P42/nbc$	$P42/nnm$	$P42/mbc$	$P42/mnm$	$P42/nmc$	$P42/ncm$	$I4/mmm$	$I4/mcm$
			$I41/amd$	$I41/acd$							

（续表 3-4）

晶系	点群 国际符号	点群 熊弗利斯符号	空间群								
三方晶系	3	$C_3^{(1-4)}$	P3	P31	P32	R3					
	$\bar{3}$	$C_{3i}^{(1-2)}$	$P\bar{3}$	$R\bar{3}$							
	32	$D_3^{(1-7)}$	P312	P321	P3112	P3121	P3212	P3221	R32		
	3m	$C_v^{(1-6)}$	P3m1	P31m	P3c1	P31c	R3m	R3c			
	$\bar{3}m$	$D_{3d}^{(1-6)}$	$P\bar{3}1m$	$P\bar{3}1c$	$P\bar{3}m1$	$P\bar{3}c1$	$R\bar{3}m$	$R\bar{3}c$			
六方晶系	6	$C_6^{(1-6)}$	P6	P61	P65	P62	P64	P63			
	$\bar{6}$	$C_{(3h)}^{(1)}$	$P\bar{6}$								
	6/m	$D_{6h}^{(1-2)}$	P6/m	P63/m							
	622	$D_6^{(1-6)}$	P622	P6122	P6522	P6222	P6422	P6322			
	6mm	$C_{6v}^{(1-4)}$	P6mm	P6cc	P63cm	P63mc					
	$\bar{6}m2$	$D_{3h}^{(1-4)}$	$P\bar{6}m2$	$P\bar{6}c2$	$P\bar{6}2m$	$P\bar{6}2c$					
	6/mmm	$D_{6h}^{(1-4)}$	P6/mmm	P6/mcc	P63/mcm	P63/mmc					
立方晶系	23	$T^{(1-5)}$	P23	F23	I23	P213	I213				
	$m\bar{3}$	$T_h^{(1-7)}$	Pm3	Pn3	Fm3	Fd3	Im3	Pa3	Ia3		
	432	$0^{(1-9)}$	P432	P4232	F432	F4132	I432	P4332	P4132	I4132	
	$\bar{4}3m$	$T_4^{(1-6)}$	$P\bar{4}3m$	$F\bar{4}3m$	$I\bar{4}3m$	$P\bar{4}3n$	$F\bar{4}3c$	$I\bar{4}3d$			
	$m\bar{3}m$	$0_h^{(1-10)}$	$Pm\bar{3}m$	$Pn\bar{3}n$	$Pm\bar{3}n$	$Pn\bar{3}m$	$Fm\bar{3}m$	$Fm\bar{3}c$	$Fd\bar{3}m$	$Fd\bar{3}c$	$Im\bar{3}m$
			$Ia\bar{3}d$								

4 / X 射线衍射

X 射线衍射相关内容分为 4 个部分,分别是 X 射线的历史、X 射线的特点、劳厄定律和布拉格定律。其中劳厄定律是 X 射线衍射的相关定律,而布拉格定律则是晶体结构解析的相关定律。

4.1 X 射线的历史

首先,我们来了解一下 X 射线相关的历史:1895 年,著名的德国物理学家伦琴发现了 X 射线,他为自己妻子的手拍了第一张"医学"X 射线照片(图 4-1);到 1912 年,德国物理学家劳厄等人发现了 X 射线在晶体中的衍射现象,确证了 X 射线是一种电磁波,他的代表作是劳厄定律。在同一年,英国物理学家布拉格(Bragg)父子利用 X 射线衍射测定了 NaCl 晶体的结构,他们的代表作是布拉格定律,从此,开创了 X 射线晶体结构分析的历史。

X 射线自发现以来,备受诺贝尔奖的青睐。1901 年:第一届诺贝尔物理学奖授予 RÖntgen,他发现了 X 射线;1914 年:诺贝尔物理学奖授予 Laue,他发现了 X 射线衍射;1915 年:诺贝尔物理学奖授予布拉格父子,他们发现了布拉格定律;此后到 1962 年,诺贝尔化学奖授予血红蛋白和肌红蛋白的晶体结构确定;同年,诺贝尔医学奖授予 DNA 晶体双螺旋结构的确定;1964 年:诺贝尔化学奖授予维生素 B_{12} 的晶体结构确定;1976 年:诺贝尔化学奖授予硼烷的晶体结构确定;1985 年:诺贝尔化学奖授予应用 X 射线衍射确定物质晶体结构的直接计算法的建立;1988 年:诺贝尔化学奖授予噬菌调理素的晶体结构确定。而我们国家在这方面也有跟这些诺贝尔奖

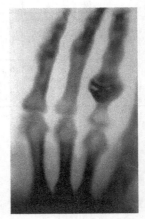

图 4-1　第一张"医学"X 射线照片——伦琴妻子的手

媲美的研究成果,那就是结晶牛胰岛素,虽然由于各种原因没有拿到诺贝尔奖,但我们不能否定这一伟大成就。

X射线衍射发展到目前,它的应用也是相当广阔,目前的应用主要包括:晶体结构解析、医学检测和安全检查等。X射线的强大功能必然是由其特殊的性质决定的,那我们来了解一下X射线的性质:①X射线是一种电磁波,具有波粒二象性,它在电磁波中的波段分布如图 4-2 所示;②X射线的波长为 $10^{-2} \sim 10^2$ Å,也就是 10^{-7} mm 左右;③X射线的 $\lambda(\text{Å})$、振动频率 ν 和传播速度 $c(\text{m} \cdot \text{s}^{-1})$ 符合 $\lambda = c/\nu$。因此,X射线可看成具有一定能量 E、动量 p 和质量 m 的X光流子,其中能量等于普朗克常数乘以振动频率($E = h\nu$),动量等于普朗克常数除以波长($p = h/\lambda$)。上述这些特征使得X射线具有很高的穿透能力,可以穿过黑纸及许多对于可见光不透明的物质。虽然X射线肉眼不能观察到,但可以使照相底片感光。感光的原理是X射线在通过一些物质时,使物质中原子的外层电子发生跃迁而发出可见光;此外,我们需要注意的是X射线能够杀死生物细胞和组织,人体组织在受到X射线的辐射时,生理上会产生一定的反应,因此需要避免X射线的辐射。

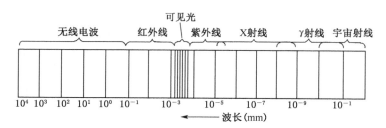

图 4-2　电磁波中的波段分布

4.2　X 射线的特点

4.2.1　X 射线的产生

X射线是如何产生的呢? 如图 4-3 所示,这是 X 射线的发生装置。它分为三个模块,分别是阴极、阳极和窗口:①阴极的作用是发射电子,它一般由钨丝制成,接通高压电源通电加热后,释放出热辐射电子。②阳极也称为靶,它可以使热辐射电子突然减速并发出 X 射线。高速电子转换成 X 射线的效率只有 1%,其余 99%

都作为热散发了,所以阳极靶材要求导热性能好,还需要循环水冷却。③窗口是 X 射线出射的通道,它能让 X 射线出射,也能使管密封。窗口材料通常用金属铍或硼酸铍锂构成的林德曼玻璃。窗口与靶面通常成 3°~6° 的斜角,这样可以减少靶面对出射 X 射线的阻碍。

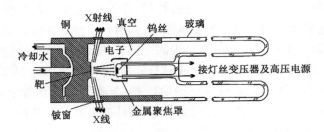

图 4-3 X 射线的发生装置

那么,靶材具体如何使热辐射电子突然减速并发出 X 射线的呢?如图 4-4 所示,热辐射电子轰击靶材的时候,将金属原子的内层电子撞出。于是内层形成空穴,外层电子跃迁回内层填补空穴,从而释放出 X 射线。比如,K 层电子被激发时,L 和 M 层中的电子会跃入 K 层空位,分别释放出 X 射线,称为 K_α 和 K_β 谱线,它们共同构成 K 系标识 X 射线。类似的,L 层或 M 层电子被激发时,产生 L 系或 M 系标识 X 射线。由于一般 L 系或 M 系标识 X 射线的波长较长,强度很弱,因此在衍射分析工作中,主要使用 K 系特征 X 射线。对于 K 系特征 X 射线,又分为 K_{α_1},K_{α_2} 和 K_β,它们的强度之比为 10:5:2。图 4-4c 展示的是 Mo 靶在 35 kV 电压下产生的 K 系特征 X 射线。

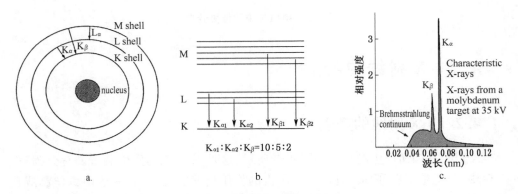

图 4-4 X 射线的产生原理

表 4-1　X 射线分析常用阳极靶材的 K 系特征谱线

阳极靶元素	原子序数（Z）	K 系特征谱波长（Å）				$U(kV)\approx(3\sim5)U_K$
		$K_{\alpha1}$	$K_{\alpha2}$	K_{α}^{*}	K_{β}	
Cr	24	2.28970	2.29306	2.29100	2.08487	20～25
Fe	26	1.93604	1.93998	1.93735	1.75661	25～30
Co	27	1.78896	1.79285	1.79026	1.62079	30
Ni	28	1.65791	1.66174	1.65918	1.50013	30～35
Cu	29	1.54054	1.54439	1.54183	1.39221	35～40
Mo	42	0.70930	0.71359	0.71073	0.63228	50～55

从 X 射线产生的原理来看，不同的金属靶材所产生的 X 射线的波长及强度必然是不一样的。表 4-1 总结了 X 射线分析常用阳极靶材的 K 系特征谱线，从表中可以看出，对于阳极靶材 Cr、Fe、Co、Ni、Cu 和 Mo，它们的原子序数从 24 增加到42，而它们产生的 K_{α_1} 的波长从 2.3 Å 减少到 0.7 Å，所需要的激发电压从 20 kV增加到 50 kV。因此，阳极靶材料的原子序数越大，所产生的 X 射线波长越短，从而，能量越大，穿透能力越强。

4.2.2　X 射线与物质的相互作用

那么，X 射线产生以后，它是如何跟物质相互作用的呢？如图 4-5 所示，一束X 射线通过物质时，主要可分为三部分：一部分被吸收，一部分透过物质继续沿原来的方向传播，还有一部分被散射。此外，还产生荧光 X 射线、热量以及电子，主要包括康普顿电子、俄歇电子、光电子等。而用作 X 射线衍射的是散射 X 射线，包括

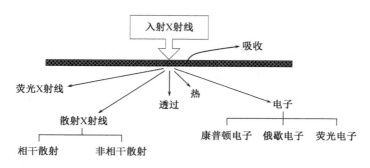

图 4-5　X 射线与物质的相互作用

相干散射及非相干散射。什么是散射呢？散射主要是指原子对 X 射线的散射：使得 X 射线发生散射的主要是物质是自由电子及原子核束缚的非自由电子，后者有时可称为原子对 X 射线的散射。其中，相干散射指的是：当入射线与散射线波长相同时，它们的相位滞后恒定，散射线之间能相互干涉。相干散射波之间产生相互干涉，就可获得衍射，因此，相干散射是 X 射线衍射技术的基础。而非相干散射指的是：当散射线波长与入射线波长不同时，散射线之间不相干，又称康普顿散射。

X 射线跟物质相互作用以后，除了上述现象以外，它的强度也会发生衰减。X 射线通过物质不同厚度时，衰减的程度是不一样的。X 射线通过物质的衰减规律如下：

$$I/I_0 = \exp(-\mu_L \cdot d)$$

式中：I 是穿透物质后的强度，I_0 是穿透物质前的强度，I/I_0 称为 X 射线穿透系数，显然，穿透系数 < 1，并且，穿透系数愈小，表示 X 射线被衰减的程度愈大。μ_L 是物质线吸收系数：指的是当 X 射线透过单位长度（1 cm）物质时强度衰减的程度，μ_L 愈大，强度衰减愈快。d 是指透过的距离。此外，X 射线通过不同质量的物质时，衰减的程度也是不一样的。这就联系到质量衰减系数 μ_m（μ_m 表示单位质量物质对 X 射线强度的衰减程度）。质量衰减系数与波长和原子序数存在如下近似关系：

$$\mu_m \approx K\lambda^3 Z^3$$

从式中可以看出，质量衰减系数随波长的变化是不连续的，随着波长的变化，质量衰减系数会被尖锐的突变分开，突变对应的波长称为物质的 K 吸收限。而在应用 X 射线研究晶体结构时往往需要单色光，利用这一原理，可以合理地选用滤波材料，使 K_α 和 K_β 两条特征谱线中去掉一条，实现单色的特征辐射。

因此，可以根据质量衰减系数来选择滤波片，选取原则是：滤波片的吸收限位于辐射源的 K_α 和 K_β 之间，且尽量靠近 K_α，强烈吸收 K_β，而 K_α 吸收很小。这是因为 K_β 的波长长，质量衰减系数大；同时，滤波片将 K_α 强度降低一半最佳。如图 4-6 所示，这是加滤波片前后 X 射线的强度对比。并且，滤波片的选择也跟阳极靶材有关，通常来讲，当阳极靶材料的原子序数＜40 时，滤波片的原子序数＝阳极靶材料的原子序数－1；当阳极靶材料的原子序数＞40 时，滤波片的原子序数＝阳极靶材料的原子序数－2。

而阳极靶材料的选择通常与被分析的样品成分有关：在 X 射线衍射晶体结构分析工作中，我们不希望入射的 X 射线激发出样品的大量荧光辐射。因为，大量的荧光辐射会增加衍射花样的背底，使图像不清晰。避免出现大量荧光辐射的原则

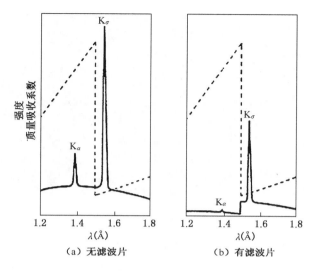

（a）无滤波片　　　　　　（b）有滤波片

图 4-6　加滤波片前后 X 射线强度对比

就是选择入射 X 射线的波长，使其不被样品强烈吸收，也就是合理选择阳极靶材料，让阳极靶材料产生的特征 X 射线的波长偏离样品的吸收限。因此，根据样品成分选择阳极靶材料的原则是：阳极靶材料的原子序数≤样品的原子序数－1；或阳极靶材料的原子序数≫样品的原子序数。对于多元素的样品，原则上是以含量较多的几种元素中最轻的元素为基准来选择阳极靶材料。

4.3　劳厄定理

4.3.1　X 射线衍射原理

X 射线在 1895 年就被发现了，但直到到 1912 年才发现它在晶体中的衍射现象。1912 年劳厄用连续 X 射线照射五水硫酸铜晶体，获得世界上第一张 X 射线衍射的照片，并由光的干涉条件出发导出描述衍射线空间方位与晶体结构关系的公式，称为劳厄方程。X 射线晶体衍射的方式如图 4-7 所示：X 射线产生以后，经过滤波片照射到晶体。晶体中原子在三维空间有序排列，每一个原子都会对 X 射线进行相干散射，因而会在底片上产生一系列独立的衍射斑点。很显然，这些衍射斑点的位置跟晶体结构密切相关。劳厄的研究一举解决了 X 射线的本性问题，并初步揭示了晶体的微观结构。爱因斯坦称此实验为"物理学最美的实验"。

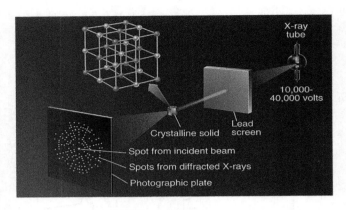

图 4-7　X 射线衍射原理

那么,X 射线照射晶体为什么会发生衍射呢? 这是因为晶体中原子间距离与 X 射线波长有相同数量级,所以,晶体中由不同原子散射的 X 射线会相互干涉,在某些特殊方向上产生强的 X 射线衍射。因此,衍射线在空间分布的方位和强度,与晶体结构密切相关,每种晶体所产生的衍射花样都反映出该晶体内部的原子分布规律。这就是 X 射线衍射的基本原理。根据这一原理,X 射线衍射的具体过程如下:X 射线照射晶体,这时电子受迫振动,X 射线向四面八方散射,不同方向散射强度不同;一方面,原子中有很多电子,各电子散射波之间相互作用,在某些方向相消干涉,而在某些方向相干加强,形成原子散射波;另一方面,晶体中有很多原子,原子散射波之间又相互作用,在某些方向相消干涉,而在某些方向相干加强,形成可以检测的散射波,即衍射斑点。因此,我们可以得出如下结论:衍射的本质是晶体中各原子相干散射波叠加的结果。相应的衍射波具体两个基本的特征为:衍射方向和强度,它们与晶体结构密切相关。

4.3.2　衍射方向

如图 4-8 所示,假设这是任一平面上的点阵,当一束 X 射线照射过来的时候,入射角为 θ,ABC' 三个阵点会在同一个平面上产生衍射,得到 $A'B'C''$,那么,这时候,这三个点的光程差必然是相等的。A 点和 C' 点分别作垂线得 C、D 两点。光程差 $CC' = AD$,而 $CC' = AC'\cos\theta$,$AD = AC'\cos\angle DAC'$。所以,这种情况下,衍射角度必须等于入射角才会得到衍射点。也就是光程差为 0,干涉得到最大光强,这就是衍射方向的情况,只有在特定的方向上才有衍射。光程差为 0 还有种理解就是光程差为波长的整数倍。如图 4-9a 所示,这是一束光程差为 $\lambda/2$ 的散射光叠加图,两条波叠加相互抵消,没有衍射强度;又如图 4-9b 所示,这是一束光程差为 $\lambda/8$ 的散射光叠加图,叠加后强度也得到削减。因此,我们可以得出,发生衍射的条件是:光程差 $\delta = h\lambda$,h 为整数。

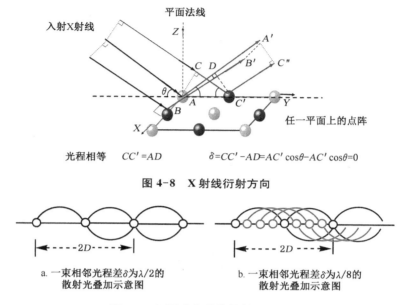

光程相等　　　$CC' = AD$　　　　$\delta = CC' - AD = AC' \cos\theta - AC' \cos\theta = 0$

图 4-8　X 射线衍射方向

a. 一束相邻光程差 δ 为 $\lambda/2$ 的
散射光叠加示意图

b. 一束相邻光程差 δ 为 $\lambda/8$ 的
散射光叠加示意图

图 4-9　不同光程差的散射光叠加图

为了探求晶体的衍射规律,劳厄从最简单的一维衍射开始,建立了劳厄方程式。如图 4-10a 所示,一列等距的原子构成一维点阵,点阵常数为 a,一束波长为 λ 的平行 X 射线与这个原子列相遇,入射 X 射线与原子列的夹角为 α_0。这时,一维点阵上的每一个原子都将成为 X 射线的散射中心,并在一定的方向形成衍射线,假设衍射线与原子列的夹角为 α。此时,相邻两原子 A、B 的散射波的光程差必然是波长的整数倍。A、B 两点分别作垂线,得 C、D 两点。相邻两原子 A、B 在该方向上引起的光程差是:$\delta = AC - DB$;由图可知,AC 等于 a 乘以 $\cos\alpha$,DB 等于 a 乘以 $\cos\alpha_0$。因此在 N_1、N_2 方向上,散射线加强的条件是:$a\cos\alpha - a\cos\alpha_0 = H\lambda$,这就是劳厄第一方程式。$H$ 称为劳厄第一干涉指数。由于 X 射线可以在任何方向上与点阵相遇,只要入射 X 射线与原子列的夹角为 α_0,因此,X 射线衍射线分布在一个圆锥面上,锥面的顶角为 2α。而 H 可以取若干个数值,所以当单色 X 射线照射原子列时,衍射线分布在一簇同轴圆锥面上,这个轴就是原子列。可以想象,如果在垂直于原子列的方向放上底片,则应该得到一系列的同心圆,如果底片平行原子列,则衍射花样将会是一系列双曲线(图 4-10b)。

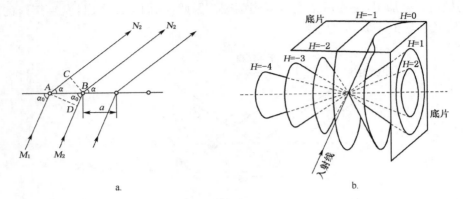

图 4-10　劳厄一维衍射

在一维衍射基础上,再增加一个维度,如图 4-11a 所示,在 X 轴上的点阵常数为 a,在 Y 轴上的点阵常数为 b。那么根据一维衍射的推演,X 射线在 Y 轴上的衍

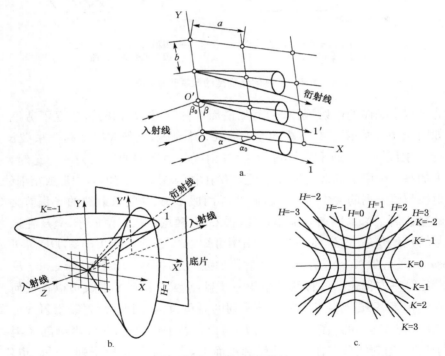

图 4-11　劳厄二维衍射

射满足劳厄第二方程式,也就是 $b\cos\beta - b\cos\beta_0 = K\lambda$,$K$ 为第二干涉指数,β_0 是入射 X 射线与 Y 轴的夹角,β 是衍射线与 Y 轴的夹角。由于 X 和 Y 两个原子列所发生的 H 级和 K 级衍射线的轨迹分别是两个圆锥面,两个圆锥相交于两个直线方向(图 4-11b)。上述两个条件同时满足时,整个二维点阵的散射是相同的,衍射线沿着两个圆锥的公交线方向进行。如果二维点阵的 X、Y 两个轴相互垂直,单色的 X 射线垂直于此点阵平面的方向射入,照相底片放在点阵后方平行于点阵平面,则所得的衍射花样是一组规则排列的斑点,它们位于两组双曲线的交点位置(图4-11c)。

那么,如果 X、Y、Z 分别为三维晶体点阵的三个晶轴,a、b、c 为点阵常数,应用上述一维和二维衍射条件的推衍方法,X 射线在这种三维点阵衍射的条件是 3 个公式(图 4-12)。在实际晶体中发生衍射,上述 3 个方程必须得到同时满足。此时,三个衍射圆锥面同时交于一条直线,如图 4-12 所示,这条直线的方向就是衍射线方向。因此,劳厄方程是产生衍射的严格条件,满足就会产生衍射,形成衍射点。在劳厄方程中,λ 的系数 hkl 称作衍射点的衍射指标,它们必须为整数,它们与晶面指标(hkl)的区别是,可以不互质。由于劳厄方程中 hkl 必须是整数,因此,衍射点是分立、不连续的,只在某些方向出现。

$$a\cos\alpha - a\cos\alpha_0 = H\lambda$$
$$b\cos\alpha - b\cos\alpha_0 = K\lambda$$
$$c\cos\alpha - c\cos\alpha_0 = L\lambda$$

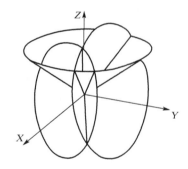

图 4-12　劳厄三维衍射

4.4　布拉格定理

劳厄定理只是解决了 X 射线在晶体中的衍射问题,并没有提出 X 射线衍射解析晶体结构的方案。而布拉格父子类比可见光镜面反射实验,用单色 X 射线照射 NaCl 晶体,并依据实验结果导出布拉格方程。他们所采用的实验装置是现代 X 射线衍射仪的雏形(图 4-13),他们所推导的布拉格方程是晶体结构分析非常重要的公式。

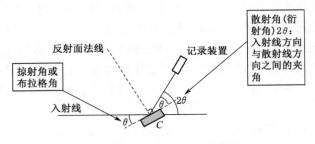

图 4-13 X 射线衍射实验装置

在 X 射线衍射实验装置中,X 射线与晶体之间的掠射角或布拉格角为 θ,记录装置安装在散射线与入射线之间夹角为 2θ 的位置,在 X 射线照射过程中,记录装置与样品台以 2:1 的角速度同步转动。这种情况下,记录装置得到的实验结果是:当 X 射线以某些角度入射时,记录到反射线,以其他角度入射,无反射,因此这是一种选择反射。这样的实验是如何推导出布拉格方程的呢?有三种前提:①考虑到晶体结构的周期性,将晶体视为由许多相互平行且晶面间距相等的晶面组成;②X 射线具有穿透性,可照射到晶体的各个晶面上;③光源和记录装置到样品的距离比晶面间距的数量级大得多,入射线和反射线均可视为平行光。在这些前提下,X 射线在晶体中的衍射如图 4-14 所示,两个发生衍射的相邻晶面,晶面指标为 hkl,晶面间距为 d_{hkl},衍射角度为 θ。相邻晶面的同一点在同一方向的衍射光程差 $= PQ+QR$。从图中我们可以看出 $PQ = QR = d\sin\theta$。因此,光程差等于 $2d\sin\theta$,而发生衍射的条件是光程差为波长的整数倍,从而得出公式:

$$2d_{hkl}\sin\theta = n\lambda$$

这就是布拉格(Bragg)方程。由布拉格方程可知,对于每一套指标为 hkl、间距为 d 的晶格平面,其衍射角和衍射级数 n 直接对应。而不同 n 值对应的衍射点可以看成晶面距离不同的晶面的衍射,例如,hkl 晶面在 $n = 2$ 时的衍射和 $2h2k2l$ 晶面在 $n = 1$ 时的衍射点等同,这样布拉格方程可以简化重排成下面的公式:

$$\sin\theta = \frac{\lambda}{2} \cdot \frac{1}{d_{hkl}}$$

这样,每个衍射点可以唯一地用一个 hkl 来标记。这也就建立了入射线波长与晶面间距的关系。对于 $\sin\theta$ 来说,不管 θ 为多少,$\sin\theta$ 始终是小于 1 的,因

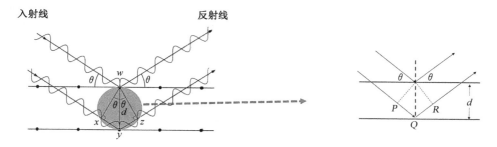

入射线   反射线

图 4-14 布拉格方程的推导

此,要产生衍射,必须有 $d > \lambda/2$。这规定了 X 衍射分析的下限:一方面,对于一定波长的 X 射线而言,晶体中能产生衍射的晶面数是有限的;另一方面,对于一定晶体而言,在不同波长的 X 射线下,能产生衍射的晶面数是不同的。一般晶体的晶面间距在 0.1~1 nm 之间,因此,常用 X 射线的波长在 0.05~0.25 nm之间。同时,利用这个关系,可判断哪些晶面能产生衍射及产生衍射晶面的数目,等等。

根据上述论述,衍射产生的必要条件为:"选择反射"即"反射定律+布拉格方程"。当满足此条件时有可能产生衍射;若不满足此条件,则不可能产生衍射。所以,晶面与晶面间距是晶体 X 射线衍射结构分析中所围绕的内容。根据布拉格方程,可以开展两方面的研究:一方面,已知 X 射线的波长,通过测量掠射角,可计算晶面间距,这就是晶体结构分析。另一方面,已知晶体结构,通过测量掠射角,可测定 X 线的波长,这就是 X 射线光谱分析。在布拉格方程中,根据衍射角求出的初级结果是晶面间距 d,那么晶面间距 d 是如何推导出晶体结构的呢?这就需要建立晶胞参数和晶面间距之间的关系。根据劳厄定理和布拉格定理,晶面间距与晶胞点阵参数之间的关系如下:

$$\frac{1}{d_{hkl}^2} = \frac{\frac{h}{a}\begin{bmatrix} \frac{h}{a} & \cos\gamma & \cos\beta \\ \frac{k}{b} & 1 & \cos\alpha \\ \frac{t}{c} & \cos\alpha & 1 \end{bmatrix} + \frac{k}{b}\begin{bmatrix} 1 & \frac{h}{a} & \cos\beta \\ \cos\gamma & \frac{k}{b} & \cos\alpha \\ \cos\beta & \frac{l}{c} & 1 \end{bmatrix} + \frac{l}{c}\begin{bmatrix} 1 & \cos\gamma & \frac{h}{a} \\ \cos\gamma & 1 & \frac{k}{b} \\ \cos\beta & \cos\alpha & \frac{l}{c} \end{bmatrix}}{\begin{bmatrix} 1 & \cos\gamma & \cos\beta \\ \cos\gamma & 1 & \cos\alpha \\ \cos\beta & \cos\alpha & 1 \end{bmatrix}}$$

这里,(hkl) 是晶面的密勒指数,$a,b,c,\alpha,\beta,\gamma$ 是晶胞参数。由于部分晶系在晶胞参数上有特定的特征,因此,我们可以得出部分晶系晶面间距与晶胞点阵参数的简化关系,如正交晶系、立方晶系、六方晶系,它们的晶面间距与晶胞点阵参数的关系可以简化如下:

$\boxed{\text{对正交晶系}}$
$\boxed{\alpha = \beta = \gamma = 90°}$

$$d_{hkl} = \frac{1}{\sqrt{\left(\frac{h}{a}\right)^2 + \left(\frac{k}{b}\right)^2 + \left(\frac{1}{c}\right)^2}}$$

立方晶系

$$d_{hkl} = \frac{a}{\sqrt{h^2 + k^2 + l^2}}$$

六方晶系

$$d_{hkl} = \frac{1}{\sqrt{4\left(\frac{h^2 + hk + k^2}{3a^2}\right) + \frac{l^2}{c^2}}}$$

把这些晶面间距的公式代入布拉格方程,可分别得出立方晶系、四方晶系和正交晶系的衍射方向与晶体结构的关系:

$$\sin^2\theta = \frac{\lambda^2}{4a^2}(h^2 + k^2 + l^2) \qquad \text{立方晶系}$$

$$\sin^2\theta = \frac{\lambda^2}{4}\left(\frac{h^2 + k^2}{a^2} + \frac{l^2}{b^2}\right) \qquad \text{正方晶系}$$

$$\sin^2\theta = \frac{\lambda^2}{4}\left(\frac{h^2}{a^2} + \frac{k^2}{b^2} + \frac{l^2}{c^2}\right) \qquad \text{斜方(正交)晶系}$$

从这几个公式可以得出,布拉格定律反映了晶胞的形状和大小,但不能反映晶体中原子的种类、分布和它们在晶胞中的位置,因此,布拉格定律只是衍射产生的必要条件。我们从而可以得出结论:衍射方向反映了晶体的形状与大小。

5

衍射强度

上一章节我们学习了衍射方向，衍射方向只能反映出晶体的大小和形状，不能反映晶体中原子的种类、分布和它们在晶胞中的位置，因此，衍射方向只是衍射产生的必要条件。那么，衍射产生的充分条件就是衍射强度了，由前面的讨论可知，衍射强度可以反映晶体中原子的种类、分布和它们在晶胞中的位置。如何来反映呢？我们将分为两个部分来学习，分别是结构因子和衍射强度。

5.1 结构因子

结构因子中的第一个概念是原子散射因子，由于 X 射线散射是由核外电子引起的，而原子核外的电子是运动的，因此会偏离理想的衍射平面。故散射中心偏离衍射平面（图 5-1），如果偏离的距离为 δ，则相应的相角差 $\Phi = 2\pi\delta/d$。将原子中不同空间位置对 X 射线的散射贡献加和起来，就是原子的散射因子（form factor），记为 f。

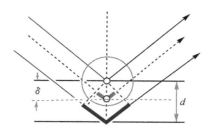

图 5-1 散射中心偏离衍射平面示意图

而被电子散射的 X 射线的强度可以用汤姆逊公式来描述，得出散射因子的公式如下：

$$f = \frac{e^4}{m^2 c^4 R^2} \left(\frac{1 + \cos^2 2\theta}{2} \right)$$

式中：e 为电子电荷，m 为电子质量，R 为电场中任意一点到发生散射电子的距离。因此，原子散射因子 f 的物理意义是 f＝原子散射波振幅/电子散射波振幅，即，原子散射因数 f 是以一个电子散射波的振幅为度量单位的一个原子散射波的振幅。它表示一个原子在某一方向上散射波的振幅是一个电子在相同条件下散射波振幅的 f 倍。它反映了原子将 X 射线向某一个方向散射时的散射效率。由汤姆逊公式可以看出，散射因子和 2θ 有关，2θ 越大，散射因子越小。因此，可以从理论上计算出各原子的散射因子，如图 5-2 所示，散射因子随着 θ 的增大而减少。

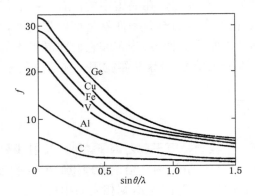

图 5-2　原子散射因子曲线图

此外，由汤姆逊公式还可以看出，原子序数越大，散射因子越大，因此，一个原子对 X 射线的衍射能力正比于原子序数。重原子对散射的贡献大，而氢原子周围电子少，对散射的贡献很少，因此其位置很难确定。在晶体学中把比碳明显重的原子称为重原子；把碳、氮、氧等非氢原子称为轻原子；最轻的氢原子就直称氢原子。同时，我们还要注意，分散于原子外围的价电子与内层电子相比贡献很少，故中性原子和其离子的贡献差别非常小。因此，几乎所有的 X 射线衍射实验均采用中性原子的散射因子参与结构计算。

下面我们来学习结构因子中的第二个概念，即原子的位移参数。由于晶体中原子在不停地运动（振动），会在一定程度上离开其平衡位置所在的晶面（图 5-3），这会对散射产生影响，d 越大，原子离开晶面的距离（u）越大，产生的相角差就越大，那么，对散射因子的影响就越大。这种相角偏差是由原子热运动引起的。原子位移参数记为 U。由于原子的振动随温度升高而加剧，U 值增大，故原子位移参数通常称为温度因子。

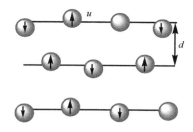

图 5-3 由原子热运动引起相角偏差

而在实际晶体中,每个独立的原子周围的化学环境往往不同,在晶格中各个方向热振动强度是不同的,也就是具有各向异性的特点。原子各向异性的振动,可用三个主轴和三个交叉项(U_{11}、U_{22}、U_{33}、U_{23}、U_{13}、U_{12})来描述,它们的数值决定着晶体中原子热椭球的形状和取向。通常 U_{ij} 的单位为:10^{-20} m²。实际晶体中每个原子都有 6 个位移参数,因此,为了节省篇幅,用"等效各向同性位移参数"U_{eq}来报道原子的位移参数,等效各向同性位移参数的公式如下:

$$U_{eq} = (U_{11} + U_{22} + U_{33})/3$$

在上述两个概念的基础上,我们来看什么是结构因子。结构因子就是以晶胞为单位,考察晶胞所含各原子在相应方向上散射波的合成波。结构因子与原子种类、原子数目、原子坐标有关,不受晶胞形状和大小的影响。那么,结构因子如何求呢?假定晶胞中只有一个处于原点的原子,其散射振幅(结构因子)为 F_1。实际上,晶胞中并非单原子,其他原子的散射波(F_i)与原子 1 会存在相角差,而它们的相角差在每个衍射点上会有所不同。例如,在(x_2、y_2、z_2)点出现第二个原子时,该原子产生的散射波与原点处第一个原子会存在相对相角差,在三个坐标轴方向考虑,相对相角差都在 $0\sim2\pi$ 之间。如果在三个轴方向离原点的距离分别为 ax_2、by_2,cz_2,这些位移分别除以晶面距离(点 hkl 在三个轴方向的晶面距离分别是 $a/h,b/k,c/l$),就可以得到三个方向上的相角差:

$$\phi a_{2(a)} = 2\pi a x_2 h/a = 2\pi x_2 h$$
$$\phi a_{2(b)} = 2\pi b y_2 k/b = 2\pi y_2 k$$
$$\phi a_{2(c)} = 2\pi c z_2 l/c = 2\pi z_2 l$$

这就是我们在学习原子散射因子时提到的相角差的公式 $\Phi = 2\pi\delta/d$。δ 分别为 ax_2,by_2,cz_2,d 分别为 $a/h,b/k,c/l$。同理,第 i 个原子也是这样,把三个方向的相角差加和起来，就得到了该原子的相角差：

$$\varPhi\alpha_i = 2\pi(hx_i + ky_i + lz_i)$$

由于有了这个相角差，散射波就成了一个复数量，即散射因子乘以相角差的函数：

$$F_i = f_i \exp(\alpha_i) = f_i(\cos\alpha_i + i\sin\alpha_i)$$

在考虑到每一个原子对应的相角差不一样的情况下，晶胞中所有原子的贡献加和起来，就得到结构因子 F：

$$F = \sum f_i(\cos\alpha_i + i\sin\alpha_i)$$

5.2　衍射强度

下面我们来学习结构因子是如何反映出衍射强度的。衍射强度跟结构因子的平方是成正比关系的。公式如下：

$$I = I_0 \cdot K \cdot |F_{hkl}|^2$$

式中：I 为衍射强度，I_0 为入射的单色 X 射线的强度；K 是一个综合因子，它与实验时的衍射几何条件、试样的形状、试样的吸收性质、温度以及一些物理常数有关。F_{hkl} 是点 hkl 的结构因子。根据上节的知识，结构因子的计算公式为：

$$F_{hkl} = \sum f_n \cdot \cos2\pi(hx_n + ky_n + lz_n) + i\sum f_n \cdot \sin2\pi(hx_n + ky_n + lz_n)$$

当晶体的结构具有对称中心时，公式的后面部分为 0，公式可以简化为：

$$F_{hkl} = \sum f_n \cdot \cos2\pi(hx_n + ky_n + lz_n)$$

那么，这个时候，结构因子 F_{hkl} 就取决于点在晶胞中的坐标 (x_n, y_n, z_n) 了，也就是不同的晶胞类型了。我们以立方晶胞为例，来考察晶胞类型与衍射强度的关系。对于素格子 P，也就是晶胞中的阵点只分布在八个角顶，晶胞中只有一个原子，并且原子在原点的位置。也就是原子坐标为 $(0,0,0)$，那么，代入上述公式中：

$$F_{hkl} = \sum f_n \cdot \cos2\pi(hx_n + ky_n + lz_n) = f$$
$$|F_{hkl}|^2 = f^2$$
$$I = I_0 \cdot K \cdot f^2$$

因此,不管 hkl 为多少,它的相角差都是 0,$\cos 0$ 等于 1,所以,结构因子就等于散射因子。也就是无论 hkl 为多少,都具有一定的衍射强度。这种情况下,所有指数的面网都可以产生衍射。

对于体心格子(I):除了角顶有阵点以外,体心处也有一个阵点。这样,它们的一个晶胞中存在 2 个原子,这 2 个原子的坐标分别是 $(0,0,0)$,$(1/2,1/2,1/2)$ 根据公式有:

$$F_{hkl} = f + f\cos(h+k+l)\pi$$

当 $(h+k+l) = $ 偶数时,$\cos(h+k+l)\pi$ 等于 1,所以:

$$F_{hkl} = 2f, \quad |F_{hkl}|^2 = 4f^2$$

相应的面网有衍射强度。而当 $(h+k+l) = $ 奇数时,$\cos(h+k+l)\pi$ 等于 -1,所以:

$$F_{hkl} = 0, \quad |F_{hkl}|^2 = 0$$

相应的面网没有衍射强度。因此,对于体心立方格子的晶体,$(h+k+l)$ 为奇数的面网不会产生衍射效应,如 (001)。

对于面心格子(F)除了角顶有阵点以外,六个面的面心各有一个阵点存在,这样,一个晶胞中有 4 个原子。它们的坐标分别是 $(0,0,0)$,$(0,1/2,1/2)$ $(1/2,0,1/2)$,$(1/2,1/2,0)$。根据结构因子的公式,面心晶胞的结构因子为:

$$F_{hkl} = f + f\cos(k+l)\pi + f\cos(h+l)\pi + f\cos(h+k)\pi$$

这种情况下,当 (h,k,l) 全为奇数或全为偶数时,奇数+奇数是偶数,偶数+偶数也是偶数,所以:

$$F_{hkl} = 4f, \quad |F_{hkl}|^2 = 16f^2$$

相应的面网有衍射强度。当 (h,k,l) 全为奇数、偶数混杂时,$k+l,h+l$ 和 $h+k$ 三个数字中必然一个是偶数,2 个是奇数,所以:

$$F_{hkl} = 0, \quad |F_{hkl}|^2 = 0$$

相应的面网没有衍射强度。因此对于面心格子的晶体,(h,k,l) 为奇偶混杂的面网不产生衍射效应,如 (101)。

我们对上述情况进行总结,对于原始格子 P,即素格子,所有的晶面都存在衍射,而对于体心格子 I,只有 $h+k+l = $ 偶数的晶面才能产生衍射效应,而 $h+k+l = $ 奇数的晶面不会产生衍射效应。对于面心格子 F,h,k,l 为全奇或全偶的晶面才能产生衍射效应，h,k,l 为奇、偶混杂的不会产生衍射效应。我们需要注意，这些不存在衍射效应的晶面在 X 射线衍射过程中也是有衍射的，只不过衍射强度为 0，我们把这种符合存在的规律，却无衍射效应的面网称为系统消光规律。在这种前提下，我们可以根据实际晶体衍射中存在的这种规律性，来判断晶体空间格子类型。对于晶体来说，除了格子类型导致的系统消光规律以外，滑移面、螺旋轴等，也都具有一定的消光规律，这里就不深入展开了。

6 / 粉末衍射

本章分为三个部分:X 射线粉末衍射(PXRD);立方晶系的粉末衍射分析;粉末衍射中的择优取向效应(preferred orientation effects)。

6.1　X 射线粉末衍射

首先我们来对比一下 X 射线粉末衍射和 X 射线单晶衍射的衍射花样。如图 6-1 所示,左边的图是 X 射线单晶衍射的衍射花样,衍射点都是独立的、不连续的。而右边的图则是 X 射线粉末衍射的衍射花样,衍射点是围绕衍射中心分布的圆圈。每一个圆圈代表一个晶面,在 PXRD 图谱中体现为一个衍射峰(图 6-2),衍射峰的横坐标则是衍射线跟入射 X 射线的夹角 2θ。

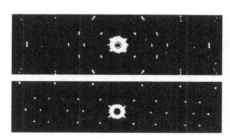 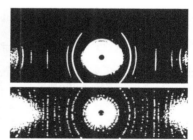

X射线单晶衍射　　　　　　　　　　　　X射线粉末衍射

图 6-1　X 射线粉末衍射和 X 射线单晶衍射的衍射花样对比

6.2　立方晶系的粉末衍射分析

那么,根据 PXRD 图谱,如何推导出晶体的晶胞参数呢? 我们以立方晶系为例,PXRD 图谱最直接的信息是 2θ 角,要求出晶胞参数 a,就要建立 θ 与晶胞参数 a

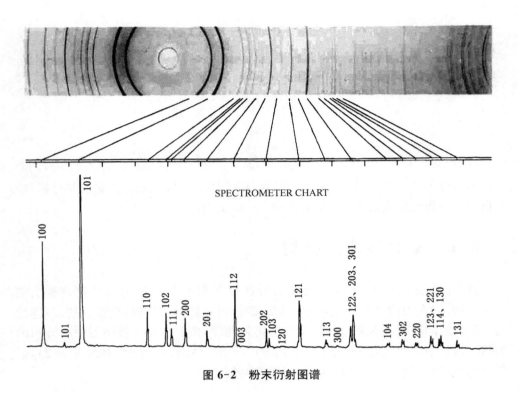

图 6-2 粉末衍射图谱

的关系,这还是得依靠布拉格定律。布拉格定律建立了晶面间距跟 θ 之间的关系:

$$\lambda = 2d_{hkl}\sin\theta \tag{1}$$

而对于立方晶系来说,晶面间距跟晶胞参数又存在如下关系:

$$d_{hkl} = \frac{a}{\sqrt{h^2 + k^2 + l^2}} \tag{2}$$

把公式(2)代入到公式(1)里面去,我们就可以得到这样的函数关系:

$$\sin^2\theta = \frac{\lambda^2(h^2 + k^2 + l^2)}{4a^2}$$

对于一个具体的晶体来讲,λ 和 a 都是常数,因此,可得:

$$\sin^2\theta \propto (h^2 + k^2 + l^2)$$

考虑到上一章节学过的立方晶系的系统消光规律:对于原始格子 P,即素格子,所有的晶面都存在衍射;而对于体心格子 I,只有 $h+k+l$ 的和为偶数的晶面才能产生衍射效应，$h+k+l$ 的和为奇数的晶面不会产生衍射效应；对于面心格子 F，h,k,l 为全奇或全偶的晶面才能产生衍射效应，h,k,l 为奇、偶混杂的不会产生衍射效应。在粉末衍射分析中，素格子立方称为 Simple Cubic，简称 SC；面心立方称为 Face-Centred Cubic，简称 FCC；体心立方称为 Body-Centred Cubic，简称 BCC。此外，在学习散射因子的时候，我们知道，衍射角越小，衍射强度越强，而衍射角越小，对应的 h,k,l 也越小；也就是说，h,k,l 越小的晶面衍射强度越强，因而越重要。对于 $h^2+k^2+l^2$，它们可以取的数字从小到大必然是 $1,2,3,\cdots\cdots$ 那么，根据系统消光规律，对于 SC，所有的晶面都有衍射。也就是说，对于 $h^2+k^2+l^2$ 的所有数字，都可以在 SC 的晶胞里面找到相应的晶面。对于 SC，$h^2+k^2+l^2=1$ 对应的晶面就是 100 了。而对于 FCC，因为 100 为奇、偶混杂，所以 FCC 的 100 晶面不会产生衍射效应；同样，对于 BCC，$1+0+0=1$，奇数，所以 BCC 的 100 晶面也不会产生衍射效应。同样的道理，$h^2+k^2+l^2=2$ 对应的晶面就是 110。很显然，在 SC 中，这个晶面是有衍射的；而对于 FCC，因为 110 依然为奇、偶混杂，所以 FCC 的 110 晶面不会产生衍射效应；但对于 BCC，$1+1+0=2$，为偶数，所以 BCC 的 110 晶面会产生衍射效应。对于 $h^2+k^2+l^2=3$，它对应的晶面就是 111，在 SC 中，这个晶面是有衍射的；而对于 FCC，因为 111 是全奇，所以 FCC 的 111 晶面会产生衍射效应；但对于 BCC，$1+1+1=3$，为奇数，所以 BCC 的 111 晶面不会产生衍射效应；以此类推，对于 $h^2+k^2+l^2$，除了 7 以外（因为找不到数字使它们等于 7），其他所有可能的数值对应的产生衍射效应的晶面，在不同类型立方晶胞中的分布如表 6-1 所示；对于 SC，所有的晶面都存在衍射效应；对于 FCC，存在衍射效应的晶面的是两密一疏的分布；而对于 BCC，存在衍射效应的晶面的是偶数分布。

表 6-1　不同类型立方晶胞的晶面分布

$h^2+k^2+l^2$	SC	FCC	BCC
1	100		
2	110		110
3	111	111	
4	200	200	200
5	210		
6	211		211
7			
8	220	220	220

$h^2+k^2+l^2$	SC	FCC	BCC
9	300,221		
10	310		310
11	311	311	
12	222	222	222

而 $\sin^2\theta$ 跟 $h^2+k^2+l^2$ 是成正比的。所以反过来,对于 SC,它的 $\sin^2\theta$ 的数值,从小到大,它们之间的比例必然是 $1:2:3:4:\cdots\cdots$;对于 BCC,它的 $\sin^2\theta$ 的数值,从小到大,它们之间的比例必然是 $2:4:6:8:10:\cdots\cdots$;而对于 FCC,它的 $\sin^2\theta$ 的数值,从小到大,它们之间的比例必然是 $3:4:8:11:12:\cdots\cdots$(图 6-3)。粉末衍射得到的最直接的结构就是 2θ,根据 2θ 求出 θ,进而求出 $\sin^2\theta$;根据 $\sin^2\theta$ 数值的比例和分布,我们就可以求出立方格子的类型以及 2θ 所对应的晶面的晶面指数,从而实现了从粉末衍射到晶体结构的解析。

> **Crystal Structure**   **Allowed ratios of Sin² θ**

✓ **SC**   **1: 2: 3: 4: 5: 6: 8: 9:……**

✓ **BCC**   **2: 4: 6: 8: 10: 12: 14:……**

✓ **FCC**   **3: 4: 8: 11: 12:……**

图 6-3   立方晶胞中 $\sin^2\theta$ 的比值分布

6.2.1 根据衍射数据 θ 解析晶体结构

下面我们来看从粉末衍射数据解析晶体结构的例子。比如,对于立方晶系,得到了一组粉末衍射数据 θ:19.0,22.5,33.0,39.0,41.5,49.5,56.5,59.0,69.5,84.0,$\sin^2\theta$ 和 $h^2+k^2+l^2$ 之间的常数用 p 来表示:$h^2+k^2+l^2 = p * \sin^2\theta$。如何解析呢? 根据 θ 可以求出 $\sin^2\theta$:0.11,0.15,0.30,0.40,0.45,0.58,0.70,0.73,0.88,0.99。我们先假设这套数据是属于 SC 晶系,那么 $h^2+k^2+l^2$ 理论上应该是这样:1,2,3,4,5,6,8,9,10,11。根据 $\sin^2\theta$ 以及 $h^2+k^2+l^2$ 的第一组数据,我们可以求出 $p = 9.1$,再用 p 乘以其他的 $\sin^2\theta$ 的数值,我们得到的结果是这样的:1.0,1.4,2.7,3.6,4.1,5.3,6.4,6.7,8.0,9.0。这与理论上的结果相差甚远。因此,这套衍射数据不属于 SC。根据同样的思路,我们再假设这套衍射数据属于 BCC,那么 h^2

$+k^2+l^2$ 理论上应该是这样：2，4，6，8，10，12，14，16，18，20。同样利用第一组数据，求出 $p=18.2$，再用 p 乘以其他的 $\sin^2\theta$ 的数值，得到的结果是这样的：2，2.8，5.6，7.4，8.3，10.9，13.1，13.6，16.6，18.7。这也与理论上的结果相差甚远。因此，它也不属于 BCC。最后，我们再来看 FCC，FCC 对应的 $h^2+k^2+l^2$ 理论上应该是这样：3，4，8，11，12，16，19，20，24，27。利用第一组数据，求出 $p=27.3$，再用 p 乘以其他的 $\sin^2\theta$ 的数值，得到的结果是这样的：2.8，4.0，8.1，10.8，12.0，15.8，19.0，20.1，23.9，27.0，这跟理论值基本上是接近的，因此，可以肯定，这套衍射数据属于 FCC。其实，这种分析方法还有更简单的路线，那就是我们直接分析 $\sin^2\theta$ 的数据分布（0.11，0.15，0.30，0.40，0.45，0.58，0.70，0.73，0.88，0.99），它们的分布基本上是两密一疏，这样也可以初步判断它属于 FCC。

根据上面的讨论，我们确定了 θ：19.0，22.5，33.0，39.0，41.5，49.5，56.5，59.0，69.5，84.0，以及其所对应的 $h^2+k^2+l^2$，进而可以确定相应晶面的晶面指标。这种通过衍射数据确定晶面指标的行为称为衍射图片指标化。同时，根据 $\sin^2\theta$ 与 $h^2+k^2+l^2$ 的关系，我们可以求出晶胞参数 $a=4.03$ Å。因此，这套衍射数据是来自晶胞参数为 4.03 Å 的 FCC 晶体。

6.2.2　根据晶面间距数据 d 解析晶体结构

收集了很多立方晶系晶体的衍射图谱，根据这些衍射图谱来计算它们的晶胞参数以及密度：金属铝的粉末样品的粉末衍射，所得到的 8 个最大的晶面间距分别为 2.338，2.024，1.431，1.221，1.169，1.012 4，0.928 9，0.905 5 Å。金属铝是立方堆积的晶体结构，它的相对原子质量是 26.98，衍射所采用的波长为 $\lambda=1.540\,5$ Å。根据这些信息，对这套衍射数据进行指标化，并计算这种晶体的密度。

如何解析呢？我们首先要知道晶面间距的含义。根据我们前面所学的晶面间距的公式，衍射指标越高，晶面间距越小。那么，8 个最大的晶面间距对应的是晶面里面前 8 个晶面指标最小的晶面。而密度怎么求呢？就是重量除以体积，这需要知道一个晶胞里面有多少个原子以及晶胞的体积是多少。我们具体来看一下求解过程：首先依据布拉格定律，根据 d 的数据，求出 $\sin\theta$ 的数值，进而求出 $\sin^2\theta$。我们仔细看一下 $\sin^2\theta$ 的数值分布，基本上可以肯定这是 FCC 的晶体。因此，对于这种前 8 个衍射峰，它们的 $h^2+k^2+l^2$ 所对应的数值分别是 3，4，8，11，12，16，19和 20。根据 $h^2+k^2+l^2$ 的数值，前 8 个衍射峰的指标分别是 111，200，220，311，222，400，331，420。此外，我们可以根据 $\sin^2\theta$ 与 $h^2+k^2+l^2$ 的关系，分别利用第一组数据，可求出它们的比值，再利用这个比值乘以 $h^2+k^2+l^2$，求出 $\sin^2\theta$ 的计算值,与理论值是吻合的。进而,我们可以继续利用第一组数据,求出晶胞参数 $a=4.04946$ Å。那么晶胞的体积就是 a 的立方。接下来就是求密度。对于 FCC,一个晶胞包含 4 个原子,一个原子的重量是 $26.98/(6.022\times10^{23})=4.48024\times10^{-23}$ g,那么 4 个原子的重量就是它的四倍。这个数值再除以体积,就得出密度 $\rho=2.6988$ g $\cdot$ cm^{-3}。

6.2.3 根据衍射图谱解析晶体结构

如图 6-4 所示,这是 AgCl 晶体的粉末衍射图谱,所用的 X 射线波长为 1.54 Å,它所有衍射峰的 2θ 角都已标出。根据 2θ 角的信息,求解下面 3 个问题。已知 AgCl 晶体是立方晶系,类似于 NaCl 或 CsCl 的晶体结构(Ag:107.868;Cl:35.453;Avogadro 常数:6.022×10^{23})。

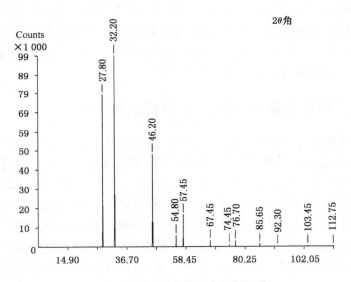

图 6-4 AgCl 晶体的粉末衍射图谱

(1)对前 6 个衍射峰进行指标化;(2)计算晶胞参数;(3)计算晶体的密度。

解题过程其实也很简单:根据 2θ 的数值,我们可以求出 θ,进而可以求出 $\sin^2\theta$。由于题目中已知 AgCl 晶体是立方晶系,类似于 NaCl 或者 CsCl 的晶体结构,因此,要么是 FCC,要么是 SC。如果是 FCC,前 6 个 $\sin^2\theta$ 的比值分别是 3∶4∶8∶11∶12∶16;而如果是 SC,前 6 个 $\sin^2\theta$ 的比值分别是 1∶2∶3∶4∶5∶6。我们再来仔细看 $\sin^2\theta$ 的数值分布,很明显是两密一疏的分布,因此,这个晶体属于 FCC。我们可以再验证一下,根据 0.0577 和 3 这两个数据,求出比值 A 为 0.019,

再代入到公式 $\sin^2\theta = A(h^2 + k^2 + l^2)$，求出 $\sin^2\theta$ 的计算值。计算值与理论值一致，可以肯定为 FCC 晶系。从而，前 6 个衍射峰的指标分别是 111，200，220，311，222 和 400。

下面我们再来看晶胞参数，利用公式 $\sin^2\theta = \lambda^2(h^2 + k^2 + l^2)/4a^2$ 即可求出晶胞参数 a。需要注意的是，在选择数据计算晶胞参数的时候，尽量选择最大的 2θ 对应的数据，那是因为衍射角越大，原子散射因子越小，计算结果越准确。根据这一原则，求出晶胞参数 $a = 5.547$ Å。最后是求密度：FCC 晶系包含 4 个阵点，即 4 个 AgCl 分子，因此，很容易求出晶胞的重量，再除以晶胞的体积，即可得出晶体的密度。上述就是根据粉末衍射数据，解析立方晶系晶胞信息的例子。

6.3　粉末衍射中的择优取向效应

我们要通过粉末衍射数据解析晶体结构，那就必须收集到准确的粉末衍射图样，而很多时候，我们收集到的粉末衍射图样与理论结果相差甚远，这并不是测试出了什么问题，而是存在择优取向效应。那么什么是择优取向效应呢？我们来看图 6-5：对于晶体结构已知的物质，它的粉末衍射图样是可以计算出来的。图 6-5 的上图是一个样品计算出来的粉末衍射图样，也就是理论图样；下图是实际测试收

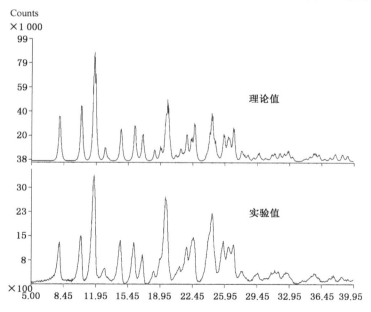

图 6-5　无择优取向效应的粉末衍射图样

集的粉末衍射图样,这两个衍射图几乎是一模一样的,所以,对于这个样品,它是没有择优取向效应的,因为它们所有的衍射峰的强度与理论值一致。

我们再来看这样一个针状的晶体(图 6-6),图 6-7 中的上图是它的计算粉末衍射图样,下面则是它的实际测试收集的粉末衍射图样。我们可以看到,这个样品粉末衍射图样的理论结果跟实际结果相差甚远,这是因为这个晶体具有显著的择优取向效。由于它是针状的,暴露在最外面的这个晶面正好是 002晶面,其次暴露的是侧面 004 晶面,因此在测试过程中,只有这两个晶面显示出强的衍射效应,但我们不能说这个数据是错误的。

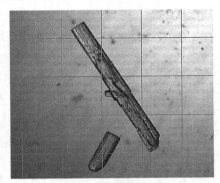

图 6-6　针状晶体形貌

择优取向效应对我们的晶体结构分析研究即有弊也有利,我们来总结一下择优取向效应的特点:①择优取向效应通常发生在针状或片状的晶体上;②择优取向效应可以通过测试过程中样品的旋转来减弱;③在静止的样品衬底上,择优取向效应最大化的时候,可以为我们提供关于样品形貌等很多有效信息;④在工业解决的连续过程中,择优取向效应可以帮助我们监测晶体样品形貌变化。

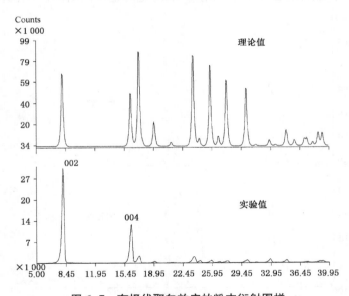

图 6-7　有择优取向效应的粉末衍射图样

7 粉末衍射的应用

7.1 物相分析

上一章我们学习了粉末衍射及其晶体结晶解析的应用,那么,粉末衍射还有没有其他应用呢? 其实粉末衍射的应用的范围是很广阔的,主要有物相分析、衍射图的指标化、晶粒大小的确定,以及定量分析。

物相分析(Phase analysis):物相就是判断晶体属于哪种晶相。其理论依据是布拉格定律:由粉末衍射图得出衍射强度及 2θ→进而得出 θ→再根据布拉格定律求出晶面间距。此外,各种晶体的谱线有自己特定的位置、数目和强度。其中更有若干条较强的特征衍射线,可供物相分析,有个数据库就是利用特征衍射线,建立了 PDF 卡,通过实验结构与 PDF 卡的对比,实现物相分析。而物相分析中,很关键的一点就是衍射峰位置的确定,因为峰位置涉及的是 2θ 角。一般有 3 种方法:第一种方法是峰顶法,这种方法适用于峰形规整的图,直接从峰顶作垂线,求出 2θ 的数值;第二种方法是切线法,这种方法适用于峰形较宽的图,沿着峰的两边作切线,两条切线相交于一点 P,沿 P 点作垂线,求出 2θ 的数值;第三种方法是半高宽中点法,这种方法适用于峰形很宽的图,取峰半高的位置 M,N,求出 MN 的中点 O,沿 O 点作垂线,求出 2θ 的数值。

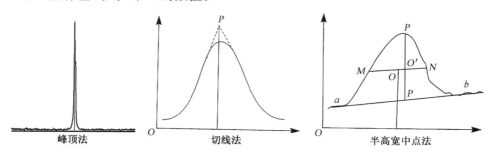

图 7-1　衍射峰位置的确定方法

物相分析本质上就是理论值与实验值的对比,因此在对比的时候需要注意一些问题。

(1)考虑到实验数据存在一定的误差,故允许所得的晶面间距和相对强度与 PDF 卡片的数据略有出入:一般来说,晶面间距的误差约为 0.2%,不能超过 1%;而相对强度的误差则允许大一些。

(2)晶面间距比相对强度相对重要:从实验数据中得到的晶面间距和相对强度均会存在误差,但是由于影响衍射花样中强度的因素要复杂得多,因此在定性分析时晶面间距的数据要更为重要。

(3)低角度线比高角度线重要:这是因为低角度的晶面间距比较大,其间隔也大;而高角度的晶面间距较小。其间隔一般比较小;因此对于不同的晶体而言,低角度时晶面间距相同的机会要比高角度时小。

(4)强线比弱线重要:在衍射花样中,最重要的是强线;在衍射花样中,较强的线一般都会出现,而较弱的线在某些特殊情况下可能不会出现。

(5)要重视衍射花样中的特征线:衍射花样中晶面间距较大同时强度较高的线,在不同的衍射条件下一般都会出现,而且与其他物相的衍射线条相重的机会出现较小,一般可以作为该物相的特征线,应该予以重视。

(6)在衍射分析以前,最好先弄清楚试样的来源和化学成分:对于物相较多较复杂的试样,事先弄清楚试样中的化学成分和可能存在的物相,对衍射分析非常重要;在某些情况下有的物相的线条位置比较相近,此时如果衍射花样中还有相重的线条的话,衍射分析会相当麻烦,但如果我们事先知道试样的化学成分和可能存在的物相,则分析工作就会变得相对简单。

7.2　衍射图的指标化

粉末衍射的第二个应用就是衍射图的指标化。利用粉末样品衍射图确定相应晶面的晶面指标 h,k,l 的值就称为指标化,这在上一章学习过,主要是根据立方晶系的晶面间距的公式及布拉格定律建立 $\sin^2\theta$ 与 $h^2+k^2+l^2$ 的关系,然后再利用立方晶系的不同格子类型中 $h^2+k^2+l^2$ 可能的取值,得到系统消光的信息,从而推得点阵型式,并估计可能的空间群。如图 7-2 所示,就是粉末衍射指标化的结果。

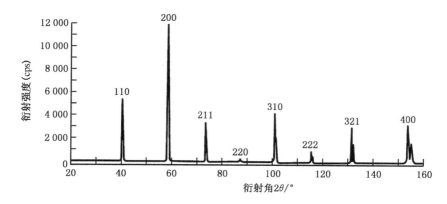

图 7-2 粉末衍射指标化

7.3 晶粒大小的确定

粉末衍射的第三个应用就是晶粒大小的测定。晶粒大小与衍射峰宽之间满足谢乐(Scherrer)公式,如下:

$$D_{hkl} = \frac{K\lambda}{\beta_{hkl}\cos\theta}$$

其中:D_{hkl} 指的是垂直于晶面 hkl 方向的平均厚度,K 是晶体形状有关的常数,通常取 0.89,β_{hkl} 指的是衍射峰的半高宽,λ 是 X 射线波长,θ 是衍射角。其中,β_{hkl} 由于是衍射峰的半高宽,而衍射峰的高度和形状通常受人为操作、仪器设备以及测试条件的影响,因此,β_{hkl} 必须进行双线校正和仪器因子校正。一般来讲,$\beta_{hkl}=B-b$,其中,B 指的是实测样品衍射峰半高宽,而 b 指的是仪器导致的衍射峰宽度。

7.4 定量分析

如果不仅要求鉴别物相的种类,还要求测定各物相的相对含量,就必须进行定量分析。定量分析在实际生产中的应用相当广泛,如钢中残余奥氏体的测定,除了物相的定量分析,别无他法。物相定量分析的依据是:各相衍射峰的强度,随该相含量的增加而提高。目前,关于物相定量分析所建立的方法主要有 6 种,分别是单线条法、内标法、K 值法、参比强度法、绝热法和直接对比法。

7.4.1　单线条法

单线条法按字面意思理解就是对比其中一条衍射峰,这种情况下来看,它的应用范围很有限。单线条法只适用于混合物中 n 种相的吸收系数 μ 及密度 ρ 都相同的情况,比如同素异构物质就属于这种情况。具体做法是:通过测量混合物中待测相,假设是 j 相的某根衍射线条的强度,并与纯 j 相同一衍射线条强度进行对比,即可测定出 j 相在混合物中的相对含量。

待测相 j 相在混合物中衍射线条的强度 I_j 可以用以下公式来表达:

$$I_j = CK_j \frac{w_j}{2\rho_j \sum_{j=1}^{n} w_j(\mu_m)_j}$$

式中,C 是实验常数,K_j 是 j 相的一个跟衍射角度有关的值,w_j 是 j 相的含量,ρ_j 是 j 相的密度,$(\mu_m)_j$ 是 j 相的一个热力学常数,混合物中一共有 n 个晶相,其中任意一种晶相的含量都可以用这个公式来表达。所有的定量分析中,某一相的衍射强度都可以用这个公式来表达。由上式可以看出,当要比较的是同一种物相同一根衍射线条时,分母部分为常数,可以放到 C 中,它们的衍射强度表达式可以简写为:

$$I_j = CK_j w_j$$

这时,混合物中 j 相的衍射强度与纯 j 相的同一根衍射线条的衍射强度之比为:

$$\frac{I_j}{(I_j)_0} = \frac{CK_j w_j}{CK_j} = w_j$$

其中,$(I_j)0$ 是纯 j 相的衍射强度,纯 j 相中 w_j 等于1。因此,混合物中 j 相某根衍射线与纯 j 相的同一根线强度之比,就等于混合物中 j 相的重量百分比 w_j,按照这一关系即可以进行定量分析。

此法比较简易,但由于要进行两次测量,准确性较差。

7.4.2　内标法

单线条法的缺点引申出内标法。内标法是什么意思呢?如果待测的样品是含有 n 个相($n \geqslant 2$)的混合物,各相的质量吸收系数又不相等,则定量分析可以采用内标法。内标法是将一种标准的物相(一般情况下可用 $\alpha - Al_2O_3$,即刚玉)掺入待测样中作为内标,然后通过测量混合试样中待测相的某一条衍射线强度与内标相的某一条衍射线强度之比,来测定待测相的含量。

具体是如何测定的呢?假设被测试样品中含有 n 个相,要测定其中 A 相的含量,先往被测样中加入内标物质 S。设 A 相在被测样中未加内标物质时的质量百分数为 w_A,加入内标物质后的质量百分数为 w_A',加入内标物质后内标物质在试样中的质量百分数为 w_S,则上述三者存在如下关系:

$$w_A = \frac{w_A'}{(1 - w_S)}$$

加入内标后待测相 A 和内标物质 S 的衍射强度可以分别表示为:

$$I_A = CK_A \frac{w_A'}{2\rho_A \sum_{j=1}^{n+1} w_j (\mu_m)_j}$$

$$I_S = CK_S \frac{w_S}{2\rho_S \sum_{j=1}^{n+1} w_j (\mu_m)_j}$$

将上面两式相除就会得到:

$$\frac{I_A}{I_S} = \frac{K_A}{K_S} \frac{\rho_S w_A'}{\rho_A w_S} = \frac{K_A \rho_S (1 - w_S)}{K_S \rho_A w_S} w_A$$

当我们分别选定待测相和内标相的某个衍射峰进行对比时,K_A 和 K_S 将成为与常数。同时,ρ_S,ρ_A 以及 w_S 都是常数,这时,可以令这一部分为 K:

$$K = \frac{K_A \rho_s (1 - w_S)}{K_S \rho_A w_S}$$

因此,当我们分别选定待测相和内标相的某个衍射峰进行对比时,K 将会是一个常数。于是有如下公式:

$$\frac{I_A}{I_S} = K w_A$$

这个公式就是内标法的基本方程,由于 I_A 和 I_S 在同一个衍射花样中可以测量出来,因此要想知道待测相在未加内标时的重量百分比,只需要求出 K 值。为了求出 K 值,可以预先绘制定标曲线。绘制定标曲线的方法是:配制一系列(三个以上)待测相含量已知的试样,在每个试样中掺入含量恒定的内标物质,混合均匀后制成一系列复合试样。测量各复合试样的 I_A/I_S 的值,与待测相的实际含量(已知)绘制成定标曲线,即可求出 K 值。需要注意的是,由 K 值的定义可知,在制作复合试样和定标曲线时,作为内标物质的含量 w_S 在试样中必须是相同的,否则的话所测出来的 K 值将会没有意义;另外,在测量未知相含量时衍射线强度的测量条件应该与绘制定标曲线时相同,这样才能保证试样和待测样中 K_A 和 K_S 相同。根据上述论述,内标法原理简单、容易理解,但它的最大缺点是要制作定标曲线,实践起来很困难,使其应用受到很大的限制。

7.4.3 K 值法

在内标法基础上,进一步衍生了 K 值法。K 值法是在改进内标法的基础上发展起来的。它的特点是不需要作定标曲线,而是通过内标方法直接求出 K 值,内标物质的加入量也可以是任意的。因此,K 值法与内标法的主要差别在于对 K 值的处理上不同,内标法的 K 值与内标物质的含量有关,其 K 值内含有内标物质的含量;而 K 值法的 K 值与内标物质含量无关,其 K 值已经将内标物质的含量剔除。

我们具体来看一下是如何剔除的。设待测试样中待测相为 A,加入的内标物质为 S,则由前面的推导可知,待测相和内标相的衍射强度公式如下:

$$I_A = CK_A \frac{w'_A}{2\rho_A \sum_{j=1}^{n+1} w_j (\mu_m)_j}$$

$$I_S = CK_S \frac{w_S}{2\rho_S \sum_{j=1}^{n+1} w_j (\mu_m)_j}$$

两式中,C 以及分母这部分都是相同的,因此,将两式直接相除可得这样的等式:

$$\frac{I_A}{I_S} = \frac{K_A \rho_S}{K_S \rho_A} \frac{w'_A}{w_S}$$

令:

$$K_S^A = \frac{K_A \rho_S}{K_S \rho_A}$$

K_A^S 就是 A 相相对于 S 相的 K 值,那么上式可以写成:

$$\frac{I_A}{I_S} = K_S^A \frac{w'_A}{w_S}$$

这就是 K 值法的表达式。式中 K_S^A 是一个与两相的密度和衍射角有关的量,与被测相和内标相的含量都没有关系。因此,当 S 相和 A 相用于比对的衍射峰确定以后,K_S^A 的值就唯一确定,因此它在上面表达式中是一个常数。同时,K_S^A 的值与被测相和内标相的含量都没有关系,因此加入试样中的内标的量可以是任意值。对于这个公式,I_A 和 I_S 在同一个衍射花样中可以测量出来,w_S 是已知的,因此,只需要知道 K_S^A 的值。而测量 K_S^A 的值时,只需制备一个待测相和内标物质重量比为 $1:1$ 的两相混合样,通过测量这个两相混合样中用于比对的衍射峰的强度即可得出 K_S^A 的值。那么,在 K_S^A 的值已知的前提下,测量待测混合样中属于 A 相和内标相的用于比对的衍射峰的强度,即可算出 w_A',然后再利用公式即可算出待测相的含量 w_A。

因此,与内标法相比,K 值法具有明显优点:K 值与待测相和内标物质的含量无关,因此在测试时可以往试样中加入任意量(这个量当然应该已知)的内标物质;在操作时,只要配制一个由待测相和内标物质组成的混合试样,便可测定 K 值,因此无须测绘定标曲线;此外,K 值具有常数意义,只要待测相、内标物质、实验条件相同,无论待测相的含量如何变化,都可以使用同一个精确测定的 K 值。

7.4.4 参比强度法

K 值法还可以进一步简化成参比强度法。由 K 值法的表达式可知,如果我们事先将所有相与通用内标的 K 值测出来,则在测量混合物中的某相含量时,直接往样品中加通用内标即可,这时可以免去每次都要配制待测相和内标样的麻烦。而在 PDF 卡片上,有相当多的已知相已经测出了参比强度值。这个参比强度值就是物质与通用内标物质刚玉 $1:1$ 混合物的 X 射线花样中两根最强线的强度比,实际上就是 K 值法中的 K 值,因此,当测定这些相的相对含量时,我们只要往样品中加入通用内标物质,即可通过查卡片得到 K 值,从而直接可以求出该相的含量。也就是说,参比强度法和 K 值法的区别是不需要制备混合样品。只需要查到参比强度值后,直接用公式即可算出所测相的含量。

7.4.5 绝热法

绝热法是用 K 值法的表达式,用试样中的某一个相作为标准物质,来测定所有相的含量的一种方法。假如,试样中含有 n 个相,当然没有非晶相存在,要求测定所有相的含量,这时,n 个相的质量分数 w 的总和应该等于 1,即:

$$\sum_{i=1}^{n} w_i = 1$$

根据 K 值法的表达式，那么类似的，如果用第 j 种物相作为标准物质，对每一个物相依照 K 值法的表达式都可以写出一个与之类似的方程，一共可以写出如下所示的 n 个方程：

$$\frac{I_i}{I_j} = K_j^i \frac{w_i}{w_j}$$

而我们要求的是 w_i，因此，通过公式变换，可得：

$$w_i = \frac{w_j}{K_j^i} \frac{I_i}{I_j}$$

而所有的 w_i 的总和等于 1，所以得到如下公式：

$$\sum_{i=1}^{n} \left(\frac{w_j}{K_j^i} \frac{I_i}{I_j} \right) = \frac{w_j}{I_j} \sum_{i=1}^{n} \frac{I_i}{K_j^i} = 1$$

再通过公式变换可得 w_j 的计算公式：

$$w_j = \frac{I_j}{\sum_{i=1}^{n} \left(\frac{I_i}{K_j^i} \right)}$$

w_j 有了替换以后，就可以代入 w_i 的公式中去，从而推导出 w_i 的新的计算公式：

$$w_i = \frac{I_i}{K_j^i \sum_{i=1}^{n} \left(\frac{I_i}{K_j^i} \right)}$$

这个公式就是绝热法的表达式，这里面的未知数就是 K_j^i。通过对被测试样的一次扫描，得出 i 相的衍射强度 I_i，在已知试样中所有相的 K_j^i 的前提下，通过测量各个相所对应的衍射峰的积分强度，由公式即可算出各相的质量百分比。

根据上面的描述，我们可以知道：要用绝热法计算试样中某相的相对量，必须事先知道第 i 相对第 j 相的 K 值。求出这种 K 值的方法有 3 种：

第一种方法：用与 K 值法相同的方法通过实验测定，也就是制备一个 i 相和 j 相物质质量比为 1∶1 的两相混合样，通过测量这个两相混合样中用于比对的衍射峰的强度即可得出 K_j^i 的值。

第二种方法：用理论计算的方法来计算。理论计算的公式如下：

$$K_j^i = \frac{\left[\dfrac{1}{V_{\text{胞}}^2} \cdot |F_{HKL}|^2 \cdot P \cdot \dfrac{1+\cos^2 2\theta}{\sin^2\theta \cdot \cos\theta} \cdot \mathrm{e}^{-2M}\right]_i}{\left[\dfrac{1}{V_{\text{胞}}^2} \cdot |F_{HKL}|^2 \cdot P \cdot \dfrac{1+\cos^2 2\theta}{\sin^2\theta \cdot \cos\theta} \cdot \mathrm{e}^{-2M}\right]_j} = \frac{\rho_j}{\rho_i}$$

其中，$V_{\text{胞}}$ 是单胞的体积，可以通过点阵常数来计算，密度可以通过 X 射线衍射法得到，其他都是跟衍射角度、结构因子等有关的量。需要注意的是：计算时，理论上可以选用任意一个衍射峰，但是理论计算时选用的是哪一个衍射峰，则实验时也只能选哪个峰进行强度对比。

第三种方法：先查到样品中所有相的参比强度值，再将其转化为第 i 相对第 j 相的 K 值。由 K 值的定义可知，K_S^A 和 K_S^B 的公式如下：

$$K_S^A = \frac{K_A \rho_S}{K_S \rho_A} \qquad K_S^B = \frac{K_B \rho_S}{K_S \rho_B}$$

两式相除，即得到 A 相对 B 相的 K 值，也就是第 i 相对第 j 相的 K 值。需要注意的是，采用参比强度值，各相都只能使用衍射花样中的最强线来进行对比，否则的话实验结果将是错误的，因为参比强度值是根据最强衍射峰来计算的。

根据上面的论述，我们可以总结出绝热法的优缺点。其优点是不需要向试样中掺入内标物质，这为实测工作减少了许多麻烦。它既适合于粉末试样，也适用于块体试样。缺点是不能测定含未知相的多相混合试样，包括含非晶物质的试样，因为绝热法的表达式中要求同时代入被测试样中的所有的 K 值，如果是未知相，无法求出 K 值，而非晶的 K 值理论上应该为 0，所以也不能代入公式作分母。

7.4.6　直接对比法

前面介绍的 5 种方法，都是用质量百分比来计算的，而直接对比法则是用体积百分比来计算的。假设被测试样中含有 n 个相，它们的第 i 相的体积百分数为 v_i，则所有相的百分含量的总和为 1：

$$\sum_{i=1}^{n} v_i = 1$$

此时，试样中某一个相的衍射强度可以用 v_i 来表示：

$$I_i = CK_i \frac{v_i}{2\rho \sum\limits_{i=1}^{n} w_i (\mu_m)_i}$$

需要注意的是,式中的 ρ 是整个样品的密度,这一点与用质量百分比表示时不同,这样的公式一共可以写出 n 个。那么,用衍射强度的某个方程(比如第 m 个方程)去除其余的方程就会有如下等式:

$$\frac{I_i}{I_m} = \frac{K_i}{K_m} \frac{v_i}{v_m}$$ 而我们要求的是 v_i,因此,通过结构变换可得 v_i 的方程:

$$v_i = \frac{I_i}{I_m} \frac{K_m}{K_i} v_m$$

而所有 v_i 的百分含量的总和为 1,即:

$$\sum_{i=1}^{n} \frac{I_i}{I_m} \frac{K_m}{K_i} v_m = \frac{K_m}{I_m} v_m \sum_{i=1}^{n} \frac{I_i}{K_i} = 1$$

因此,又可以通过公式变换求出 v_m:

$$v_m = \frac{I_m/K_m}{\sum\limits_{i=1}^{n} \dfrac{I_i}{K_i}}$$

最后,再把 v_m 代入到 v_i 的公式中去,得到结果如下:

$$v_i = \frac{I_i}{K_i} \sum_{i=1}^{n} (I_i/K_i)$$

这就是直接对比法的表达式。式中的 K_i 可以通过理论计算的方法求得,公式如下:

$$K_i = \left[\frac{1}{V_{\text{胞}}^2} \cdot | F_{hkl} |^2 \cdot P \cdot \frac{1 + \cos^2 2\theta}{\sin^2 \cdot \cos\theta} \cdot \mathrm{e}^{-2M} \right]$$

根据以上论述,可知直接对比法的优点是:求出的是体积百分比,在测试时不需要向试样中加入标样物质,而是直接以两相的衍射强度比为基础;直接对比法只需要一个试样一次测试就能给出结果。它的缺点是:K 值没有现成的数据,必须经过理论计算,用理论计算值计算时可能不如实测的参比强度值可靠。

最后,我们来对定量分析方法做个总结。物相定量分析的依据是各相衍射线的强度随该相含量的增加而提高。物相定量分析的方法主要有:单线条法、内标法、K 值法、参比强度法、绝热法和直接对比法。其中单线条法只适用于样品中各相的吸收系数和密度都相同的情况;内标法是在待测样品中加入内标物质的方法,需要制作定标曲线,而且由于内标法的 K 值含有成分的参数,因此无论在样品的测试中,还是在定标曲线的制定样品中的内标物质的含量应该是相同的;K 值法和参比强度法是在内标法的基础上发展起来的,它们与内标法的本质区别是其 K 值中不含成分的参数;绝热法是以被测样品中某一个相作为内标物质来测量各相含量的一种方法,它的困难在于要求出样品中其余的相对作为内标相的 K 值;直接对比法求出的是体积百分比,它的原理和操作都比较简单,但是其中的 K 值无处可查,只能通过理论计算得到。

8 晶体的成核与生长

不管是自然界还是人工合成的晶体,它们的外形和尺寸都是千差万别的,有棱柱状、片状、颗粒状、球状、针状、多面体状等(图 8-1)。而晶体产品的物理、化学、机械、流体力学等性质,通常与它们的外形和尺寸息息相关。因此,晶体产品的颗粒尺寸分布以及颗粒形状,已经成为其商业品质的基本标准。满足晶体产品的这些工业规范,也就是工业结晶的目标,需要从晶体的成核与生长两个方面加以控制。本章将从以下 6 个方面加以介绍,分别是:晶体的形成方式,成核作用,晶体的生长,晶面生长的速度,影响晶面发育的内、外因,以及晶体的溶解和再生。

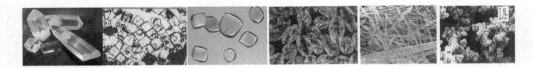

图 8-1　晶体的外形

8.1　晶体的形成方式

晶体的形成都属于相的变化。第一种相变结晶是由气相转变为固相结晶,即气体凝华结晶:气态物质不经过液态阶段而直接转变为固态的晶体。气体凝华结晶的条件是有足够低的蒸气压。比如,水蒸气变成雪花,就是属于气体凝华结晶。第二种相变结晶是由液相转变为固相结晶,分为两种情况:一是熔融体过冷却结晶,在此种结晶作用中,结晶出来的晶体的化学成分应与熔融体本身的成分一致,比如水冷却结晶成冰、铁水冷凝成铁的晶体、人工宝石的合成等;二是液相转变为固相结晶是溶液过饱和结晶,在此种结晶作用中,结晶出来的晶体的化学成分与溶液的成分不同。溶液过饱和结晶的方式很多,比如:矿物从岩浆中结晶,属于温度降低引起的过饱和结晶;NaCl 从盐水中析出,属于溶剂蒸发引起的过饱和结晶;石

钟乳 $CaCO_3$ 的生成,属于化学反应引起的过饱和结晶。第三种相变结晶是由固相再结晶形成晶体,这种情况就更多了:①同质多象转变,如 $\alpha - SiO_2$ 在 573℃ 转变为 $\beta - SiO_2$。②离溶:指的是在一定的热力学条件下,原来呈单一的结晶相的均匀固溶体分离成两种不同成分的结晶相变作用,比如:条纹长石是由钾长石和钠长石平行嵌生构成,它在一定条件下可以离溶成钾长石和钠长石的晶体。③晶粒长大:如石灰岩转变成大理岩;陶瓷烧结中晶粒变粗等等。④非晶质体的晶化,包括无定形态、玻璃态等向晶态的转变。

那么,结晶的过程具体是什么呢?主要分为 5 个阶段。第一个阶段是晶体成核:晶体从过饱和溶液或者过冷却熔融体中生成。第二个阶段是晶体生长:成核完成以后,晶体就在过饱和或者过冷却的环境中生长,直到长成目标的尺寸。那么,晶体长成以后,是不是就不再变化了呢?当然不是,如果外界环境发生变化,溶液不过饱和或者不过冷却,生成的晶体就会发生溶解,那么就进入了第三阶段,即晶体的溶解。当然,很多情况下,晶体的溶解和生长是处于动态平衡状态。这样,就进入了第四个阶段——奥斯特瓦尔德熟化:指的是过饱和或者过冷却的环境中晶体群体的缓慢老化,即尺寸随时间而演化。从而使得结晶过程进入第五阶段——凝聚。凝聚指的是在过饱和或过冷却溶液中,单个晶体之间由晶体桥连接形成晶体簇。需要注意的是,这 5 个阶段并不是严格区分开的,在连续的工业结晶过程中,这 5 个阶段可以同时发生。

8.2　成核作用

成核作用就是形成晶核的作用。它有 3 个方面的特征:①成核作用是局部范围内相变的初始阶段,如固态晶体颗粒从液态溶液中形成;②成核作用是均相状态分子水平上的快速局部震荡的结果,达到一种亚稳态的平衡;③总的成核作用是两种成核作用的加和,即初级成核作用和二次成核作用。成核作用开始以后,结晶相微粒会持续长大,并达到一定的临界大小,从而开始从母体相中析出,这种开始析出的结晶相微粒就称为晶核(nucleus,晶芽),晶核形成以后,就会在母体相中继续生长。

那么,要实现对成核作用的控制,首先要了解它的相图,也就是溶解度曲线。如图 8-2 所示,横坐标是溶液温度,纵坐标是溶液浓度。图中曲线是溶解度曲线,那么,溶解度曲线以下是不饱和区域,溶解度曲线以上为过饱和区域。成核作用必须发生在过饱和区域。因此,如何从不饱和区域达到过饱和区域是成核作用控制的关键。通常的路径有冷却、挥发、化学反应。如图 8-3 所示,通过冷却,不饱和区

域的 A 点可以达到过饱和区域的 B 点;通过挥发,不饱和区域的 A 点可以达到过饱和区域的 C 点。那么,问题来了,是不是只要一过了溶解度曲线进入过饱和区域就开始发生成核作用呢? 当然不是的,成核作用要达到一定的过饱和度才能发生。

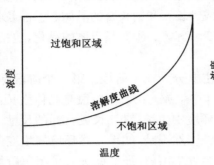

图 8-2　结晶体系的溶解度曲线

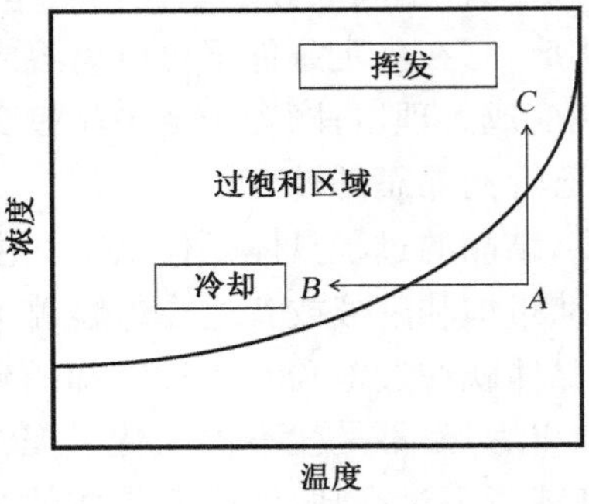

图 8-3　成核的路径

　　如图 8-4 所示,实线是溶解度曲线,而虚线则是成核作用开始发生的位点,它们之间的区域称为亚稳态区,也就是说,从不饱和区域 A,越过溶解度曲线,再经过一定的亚稳态区 B,到达过饱和区域 C,才能开始成核。

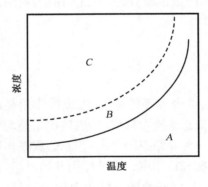

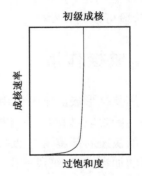

图 8-4　亚稳态区

图 8-5　初级成核的成核速率

　　这样的一种成核作用我们称为初级成核。初级成核的成核瞬间,成核速率是最大的。如图 8-5 所示,横坐标是过饱和度,纵坐标是成核速率。只有在一定的过饱和度下,才能发生成核,并且,成核速率在某个特定的过饱和度下,一瞬间达到顶峰。

8.2.1 初级成核

成核作用又分为哪些类型呢？总体上分为两类：初级成核和二次成核。初级成核又分为初级均相成核和初级非均相成核；而二次成核主要包括接触成核、磨损成核、流体剪应力成核等。那么，它们各自有何特征呢？初级成核是在无晶体存在条件下的成核，按照溶液中有无自生的和外来的粒子，初级成核分为均相初级成核和非均相初级成核。很显然，这两种作用对过饱和度的要求是不一样的。均相成核作用中，晶核是由已达到饱和或过冷却的流体相本身自发的产生。具体产生过程如下：在完全清洁的过饱和溶液中，由于分子、原子或离子构成运动单元，这些运动单元相互碰撞结合成晶胚线体，晶胚可逆地解离或成长，当成长到足够大，能与溶液建立热力学平衡时就可称之为晶核。如图 8-6a 所示，晶核的尺寸称为临界尺寸，用 r_c 表示，它是稳定晶核粒径的下限值。粒径大于 r_c 的颗粒不能再称为晶核；粒径为 r_c 的晶核则称为临界晶核。形成临界晶核所需要的能量 ΔG_c 称为成核能。如图 8-6b 所示，粒径大于或小于 r_c 时，所需能量都小于成核能。那么在单位时间内，单位体积中形成的晶核数目称为成核速率。一般来讲，过饱和度越高，晶核的临界尺寸 r_c 及所需要的成核能 ΔG_c 便越小，相应成核的几率则越大。

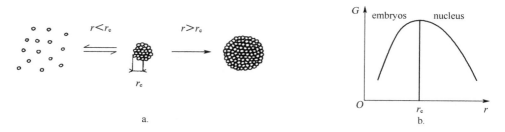

图 8-6 临界尺寸 r_c 与成核能 ΔG_c

成核作用的控制的实质就是成核速率的控制，这就需要了解成核速率影响因素。通常的影响因素有：过饱和度、结晶温度、溶剂种类、杂质、添加剂等。并且杂质核添加剂的浓度在 ppm 级别就能对成核作用产生深刻影响。此外，大分子、柔性分子、树枝状分子等，通常很难发生成核作用。

我们再来看初级非均匀成核作用。初级非均匀成核作用中，晶核是由借助非结晶相外来物的诱导产生的，如溶液中的非晶质体尘埃以及盛装溶液的玻璃器皿的凹凸不平处。那么，初级非均匀成核作用与初级均匀成核作用有何异同呢？我们来对比它们的动力学模型。对于初级均匀成核来讲，如果过饱和度水平过低，成核作用会非常缓慢,甚至有可能还没穿过亚稳态区就停止了;穿过亚稳态区所用的时间称为诱导期。一般来讲,成核速率跟诱导期成反比。也就是诱导期越长,成核速率越低。因此,初级均匀成核的成核速率通常用简单的数学公式表达,即

$$J \approx K's^n$$

式中,J 是成核速率,s 是过饱和度,常数 K 和 n 通常由实验数据拟合得到。而对于初级非均匀成核作用,它的成核能远小于初级均匀成核作用,因此,它的成核速率远大于初级均匀成核作用,而这根本的原因是异相的存在大大缩减了亚稳态区的宽度。

通常来讲,初级非均匀成核作用的成核能等于初级均匀成核作用的成核能乘以异质因子 f,即:$\Delta G_{het} = f \cdot \Delta G_{hom}$。显然,$f$ 是大于 0 而小于 1 的。f 的公式如下:

$$f = \frac{(2 + \cos\theta)(1 - \cos\theta)^2}{4}$$

其中,θ 是晶核与异相的接触角。如图 8-7 所示,这是接触角分别为 $0°,90°,180°$ 的情况,很显然,接触角越小,晶核与异相的接触越多,异质因子 f 就越大,成核能就越小,成核速率越快。

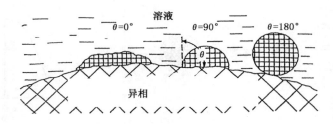

图 8-7　晶核与异相的接触角

8.2.2　二次成核

在已有溶质晶体存在条件下的成核方式称为二次成核。二次成核是绝大多数工业结晶过程中的主要成核方式,因此对结晶过程中二次成核行为的研究和控制就显得尤为重要。二次成核机理非常复杂,至今对它的认识还不是十分清楚,但是,二次成核的基本原理是明确的。二次成核的过程分为两个阶段:第一个阶段是初期育种,即晶体微粒的小块部分从晶体表面释放到溶液中;第二个阶段是接触成核,这种接触主要包括晶体与器壁、晶体与搅拌桨,以及晶体与晶体。这种接触可

以产生新的碎片,即晶核。因此,二次成核的本质是:靠近母晶表面一定范围的溶液可以看成是待释放的晶核的储存仓库。如图 8-8 所示,母晶和溶液之间的这一层,含有大量的晶体碎片,通过接触释放到溶液中,即可成为二次成核的晶核。

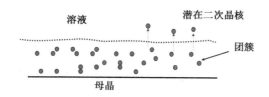

图 8-8 二次成核的本质

这种释放二次晶核的机理主要有 6 种:

(1)晶种成核:直接加入结晶器中的干燥晶种。

(2)破碎成核:晶体产品的破碎导致母晶分裂为两个或多个碎片而成为晶核。这种情况主要发生在悬浮密度大、搅拌速率高和扰动剧烈的结晶体系。晶体的破碎导致晶体外形近似球形,且粒度偏小。

(3)磨损成核:磨损是指在悬浮密度较大的结晶体系中晶体与晶体之间或晶体与器械之间相互接触而引起的晶体的轻微破碎。磨损一般不会对晶体的形态产生明显的影响,并且,可以通过减慢搅拌、减小扰动、降低悬浮密度、对器壁或搅拌桨进行软化衬里或涂层而减少破碎和磨损。

(4)针状成核:针状成核源于晶体的树枝状生长。可以通过减轻搅拌和降低悬浮密度来减少针状成核。也可以通过减小过饱和度或加入适当的添加剂而改变晶习,以减少针状成核。

(5)剪切成核:当过饱和溶液与正在生长的晶体之间相对运动速度很大时,在流体边界层中存在的剪应力将一些附着于晶体上的微小粒子扫落,如果被扫落的粒子的粒度大于临界粒度,则该粒子就可以生存下来而称为新的晶核。

(6)接触成核:晶体表面当正在生长的晶体与搅拌桨、器壁或其他晶体发生接触时会产生接触成核。它是混合悬浮结晶过程中最主要的晶核来源。接触成核速率与接触能量、过饱和度和温度等因素有关。接触过程中有可能也会产生破碎成核或磨损成核,但更多的晶核来源于吸附层中溶质的移出。因此,接触成核所需的能量远小于破碎成核和磨损成核,且比后两者更重要。

根据成核机理,二次成核的成核速率受哪些因素影响呢?第一,是搅拌装置的能量输入,能量输入越大,搅拌越快,各种磨损、接触、碰撞的几率就更大,因而促进成核;第二,是悬浮液的密度,同样地,悬浮液的密度越大,各种磨损、接触、碰撞的几率也就更大;第三,是过饱和度,过饱和度越高,成核速率越大。由于二次成核的机理过于复杂,关于它的成核速率只有经验公式,如下:

$$B_{\mathrm{II}} = k\sigma^b \sum{}^j \omega^d$$

其中,B 是二次成核的成核速率,k 是过饱和度,σ 是母晶的表面积,ω 是搅拌桨的搅拌速率。根据经验总结,上标常数 b 为 $0.5 \sim 2.5$;$j = 1$;d 为 $0 \sim 8(2 \sim 4)$。从该公式可以看出,二次成核的成核速率是大于初次成核的。它们之间的关系如图 8-9 所示,均相成核最大过饱和度大于非均相成核最大过饱和度,非均相成核最大过饱和度大于二次成核最大过饱和度,二次成核最大过饱和度大于溶解度。因此,二次成核最容易发生。

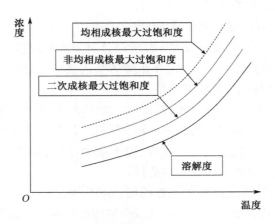

图 8-9 不同成核方式需要的过饱和度

那么,二次成核受哪些因素影响呢? 首先,二次成核主要包括 3 个过程:①从固体上(或接近于固体表面)的二次晶核的产生;②晶核从晶体表面上分离;③晶核的成长。因此,对这 3 个过程中任意一个过程的影响,都会成为二次成核影响因素。因此,二次成核的影响因素主要包括以下 8 个方面:①过饱和度;②冷却(蒸发)速率;③搅拌强度;④杂质;⑤温度(温度对成核的影响尚不清楚,实验发现有的系统温度升高,会加速成核,有的系统反之或者没有影响,杂质的影响也是如此);⑥设备的强度(设备的强度越硬,成核速率越大);⑦晶体硬度(晶体硬度越硬,成核速率越小);⑧颗粒的尺寸(颗粒的尺寸越大,越易形成二次晶核,因此,成核速率越大)。其中,前三个因素与成核速率是成正比的。

8.3　晶体的生长

晶体成核完成以后,就开始生长。晶核从溶液中析出以后,它局部范围内的情况如图 8-10 所示:晶核外围的一圈不属于晶核,也不属于主体溶液,但有很多结晶的质点吸附在这里,这些质点有可能在晶核上生长,也有可能继续扩散到溶液中去,这一区域称为吸附层。吸附层与主体溶液之间的一个区域,称为滞留层,滞留层中,因为溶质已经吸附到吸附层去了,跟主体溶液比较起来,存在一定的浓度差,并且,离吸附层越近,浓度越低,离吸附层越远,浓度越高,直到浓度跟主体溶液一致。滞留层开始已经属于溶液了,吸附层与滞留层的界面称为晶体与溶液的界面。滞留层末端的浓度就是溶液浓度,吸附层与滞留层界面的浓度称为界面浓度,而晶核与吸附层界面的浓度称为平衡溶解度。在吸附层中,晶体生长的推动力是反应动力,而主体溶液中的溶质利用与滞留层中的浓度差向吸附层扩散,滞留层对晶体生长的推动力是扩散动力。这样,溶液中的晶核或引入晶种在过饱和度的推动下,开始层层生长。

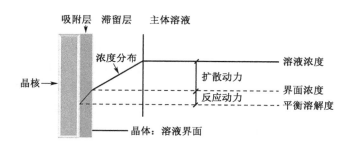

图 8-10　晶体的生长

根据这一原理,晶体生长有如下特征:①晶体生长直接影响晶体产品的尺寸与形状;②晶体晶面的生长是源于质点向晶格的连续融合;③晶体生长的过程分为好几个连续的步骤;④晶体生长的速率由最慢的步骤决定。那么,质点在达到晶面上以后,它是如何生长到晶格中去的呢? 我们来看一下晶体的第一种生长理论。层生长理论认为,质点吸附到晶面以后,会发生如下情况:可以直接释放离开晶体,也可以通过表面扩散的方式,移到合适的位点上去。到了合适的位点,它可以生长在晶格上,也可以继续释放离开晶面。那么,晶面上吸附溶质的位点有哪些呢? 我们来看图 8-11:吸附到晶面上的溶质,可以扩散到三个不同的位点:1 是平台位点(Terrace),这种情况下,晶体只有一个面与质点相互作用;2 是台阶位点(Step),这种情况下,晶体有两个面与质点相互作用;3 是扭结位点(Kink),这种情况下,晶体有 3 个面与质点相互作用。

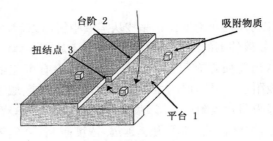

图 8-11　晶面上的位置

8.3.1　层生长

在理想情况下,溶质在这三个位点的生长顺序是怎样的呢? 这样的三种不同位置 1,2 和 3,也可分别称之为三面凹角、两面凹角和一般位置,每种位置各自有为数不等的若干个邻近的质点吸引它们。很明显,三面凹角对质点的引力最大,两面凹角次之,一般位置最小,因此,由于引力的影响,质点向晶核堆积时优先落到三面凹角 1 的位置上去,其次为两面凹角 2 的位置,最后才会在一般位置 3 上进行堆积。并且,当有一个质点堆到 1 的位置之后,三面凹角并不因此而消失,而只是向前移动了一个位置。如此逐步地往前移,一直要到整个原子列都被堆满之后,三面凹角才会消失。此时质点将在任一两面凹角的位置上堆积,而且一旦堆上一个以后,立即导致三面凹角重新出现,一直到该原子列全被堆满之后它才再次消失。如此一个原子列、一个原子列地反复不已,不断推进,直到堆满该层原子面为止。此时,三面凹角和两面凹角都被消灭,质点将只能堆积在任意的一般位置上;但是,一旦堆上后接着就会有两面凹角产生,并随后又有三面凹角形成。于是,上述的过程又将重复,直至又长完一层原子面为止。

因此,晶体的理想成长过程是:在晶核的基础上先长满一层原子面,再长相邻的一层,逐层地向外平行推移,当生长停止时,其最外层的原子面便表现为实际晶面,每两个相邻原子面相交的公共原子列即表现为实际晶棱,那么,整个晶体则为晶面所包围而形成占有一定空间的封闭几何多面体——也称为结晶多面体,从而表现出晶体的自范性。

那么,层生长的生长速率是什么情况呢? 根据晶体表面的粗糙程度,分为两种情况:①对于粗糙表面,也就是吸附位点都是 Kink,它的生长速率约等于过饱和度；②对于光滑表面，那么这个时候需要有较高的过饱和度，质点吸附到平台位置以后，需要重新二维成核，那么生长速率就等于成核速率。

8.3.2　螺旋生长

除了层生长以外，晶体生长的另一重要模型是螺旋生长理论（弗兰克模型）。在实际晶体的内部结构中，经常存在各种不同形式的缺陷，其中有一种叫作螺旋位错。一般认为，在晶体生长的初期，质点是按层生长的情况堆积的。但随着质点的不断堆积，由于杂质或热应力的不均匀分布，使晶格内部产生内应力，当内应力积累到超过一定限度时，晶格便沿着某个面网发生相对剪切位移。如果这种均匀的剪切位移是陡然截止的话，则将在截止处形成一条位错线，从而出现螺旋位错。

我们来看一下具体生长模型：图 8-12a 中，是按层生长模型进行的；图 b 中，开始发生相对剪切位移；图 c 中，剪切位移有向另一个方向进行，从而产生图 d 中的螺旋错位。螺旋生长模型中，晶体生长速率公式如下：

$$G = K'\sigma^2 \tanh\left(\frac{K''}{\sigma}\right)$$

主要与过饱和度有关，因此，根据不同的过饱和度情况，可以对晶体生长速率公式进行简化。比如，在高过饱和度的时候，螺旋生长的生长速率约等于过饱和度；而在低过饱和度的时候，螺旋生长的生长速率约等于过饱和度的平方。

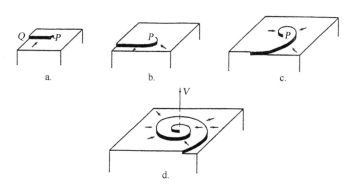

图 8-12　螺旋生长模型

在晶体生长过程中，晶体结构中一旦产生螺旋位错，就必然会出现凹角，从而使介质中的质点通过表面吸附和扩散而优先向凹角处堆积。因此，在具有螺旋位错的结构中，凹角永远不会因质点的不断堆积而消失，仅仅是凹角所在的位置随着质点的堆积而不断地螺旋上升,导致整个晶面逐层向外推移,而且可以在晶面上留下成长过程中形成的螺旋锥,即晶面生长螺纹。所以,由于在螺旋生长过程中永远不会发生凹角的消失,因而无须借助于二维成核作用来一次又一次地产生新的凹角。这意味着,即使是在溶液过饱和度很低的情况下,晶体仍然可以按螺旋生长机理不断地成长。

8.3.3 再结晶作用

晶体生长的第三种重要模型是再结晶作用。再结晶作用是在固态条件下发生的一种晶体成长作用。它是在外界热能激发下,通过晶粒表面上的质点在固态下的扩散作用,使它们转移到相邻同种晶粒的晶格位置上去,导致晶粒间界面相应发生移动,从而使部分晶粒成长变粗,另一部分晶粒则被消耗而最终消失。如由细粒方解石组成的石灰岩,当受到岩浆的烘烤而变成由粗粒方解石组成的大理岩;纳米粉、超细粉陶瓷坯体在烧结时颗粒长大等。这些晶粒为什么会长大呢?那是因为,在多晶集合体中,晶粒之间存在着界面,且界面两侧的同种晶粒一般都不会正好以相同的面网相邻接触,因而界面附近的质点都受到一定的相互作用力而偏离晶格中的平衡位置,具有或多或少的应变能。与粗晶粒相比,细晶粒具有大得多的比表面积,因而细晶粒所具有的应变能也要比粗晶粒大得多。为了尽可能降低体系的总自由能,以便使晶体更加稳定,细晶粒就有合并为粗晶粒的倾向。

8.4 晶面法向生长速度

晶体生长的本质就是晶面向外平行推移的过程。因此,晶体生长的速度可以用晶面法向生长速度来描述。我们把某一晶面在单位时间内沿其法线方向向外推移的距离称为该晶面的法向生长速度。那么,晶面法向生长速度的相对快慢,对于晶面发育的相对大小有着密切的关系。我们来看具体例子。如图 8-13 所示,这样的一个晶体有 3 个晶面,它们的面网迹线分别是 AB、BC 和 CD,它们相应的面网密度为 $AB > CD > BC$,分别用数字 1,2,3 来表示。那么晶体生长的时候,哪个晶面先生长呢?从图中可以看出来,面网密度小的面,其面网间距也小,3 个晶面的晶面间距是 $1 < 2 < 3$。而晶面间距小的话,对相邻面网间的引力就大,因此将优先成长;反之,面网密度越大,相应的面网间距也越大,面网间的引力就越小,就最不利于质点堆积,成长最慢。所以,对于这个晶体,当晶体继续生长时,质点将首先落在 1 的位置上,其次是 2,最后是 3。因此,晶面 BC 将优先生长,CD 次之,AB 最

后。即面网密度小的面网将优先生长,也就是面网密度越大的面网生长越慢。那么,晶面 BC 生长快的后果是什么? 它平行地往外推移的结果是把晶面 AB 和 CD 面扩大了,而自身的面积却是越来越小。

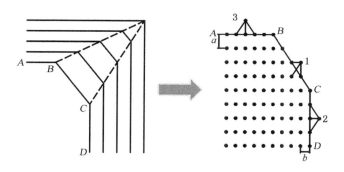

图 8-13　晶面的生长模型

因此,当一个晶面的法向生长速度比相邻晶面慢时,在晶体生长过程中其晶面总是逐渐扩大;如果生长比较快的晶面其生长值大于相邻晶面生长值时,其晶面便有可能逐渐缩小,甚至最终被完全"淹没"而消失,这种现象称为晶面间的"超覆"。但并不是所有的情况下都会超覆。如果相邻晶面之间以锐角相交,则不论它们的生长速度之间关系如何,晶面永远不会消失。如图 8-14 所示,左图晶面 CD 与晶面 BC 以及晶面 DE 以钝角相交,在生长过程中,晶面 CD 最后是消失的。而在右图中,晶面 CD 与晶面 BC 以及晶面 DE 以锐角相交,在生长过程中,晶面永远不会消失。

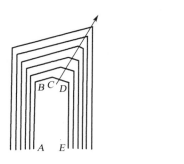
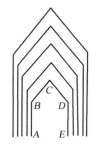

图 8-14　晶面间的"超覆"

8.5 影响晶面发育的内外因

晶体生长既受到晶体本身结构的影响,也受到外部环境的影响。因此,我们来总结一下影响晶体发育的内外因。影响晶体发育的第一个内因称为布拉维法则,简称 BFDH 理论。该理论认为,晶体上的实际晶面平行于面网密度大的面网;且面网密度越大,相应晶面的面积也越大,即布拉维—弗利德尔法则(law of Bravais-Friedel)。也就是说面网密度越大,对应晶面越重要,面网密度越小,对应晶面重要性就较小。这与我们在学习晶面法向生长速度时得出的结论是一致的。

影响晶体发育的第二个内因是居里—吴里弗原理(Curie-Wulff theory):晶体生长的居里原理认为,在晶体与其母液处于平衡的条件下,对于给定的体积而言,晶体所发育的形状应使晶体本身具有最小的总表面自由能。因此,对于体积一定的一个多面体晶体而言,当由其中心的同一点到各晶面的距离与晶面本身的表面张力常数成正比时,晶体将具有最小的表面能。这一原理即是居里—吴里弗原理,即各晶面的法向生长速度与它们同母液间的比表面自由能成正比。

影响晶体发育的第三个内因是周期键链理论,简称 PBC 理论。PBC 理论认为,晶体会长成什么形状,这与晶体结构中键的强弱有关。比如,沿 a 方向的长条状晶体:那么 a 方向的键为强键,而 b,c 方向的键为弱键。晶体生长的外形与最弱的键有关。而生长的速度与连续的强键有关。a 方向的键为强键,因此 a 方向生长速度快,最终,晶体生长为沿 a 方向的长条状晶体。具体来说,PBC 理论用结合能来代替表面自由能。所谓的结合能是指:在结晶作用过程中,当一个晶片结合到晶体表面上时所放出的键能。形成键所需的时间随键能的增大而减少,因而晶面的法向生长速度将随晶面结合能的增大而增大。晶体结构中存在着由一系列的强键不间断地连贯成的链。与晶体中质点呈周期性重复排布的特征相一致,链内强键的联接方式也是成周期性重复的。这样的链称为周期键链(periodic bond chain,PBC)。

以上 3 种理论分别从面网密度、比表面自由能和周期键链的角度分析了影响晶体发育的内因。

我们再来了解一下影响晶体发育的外因。

(1) 环境的不均匀性:一般来讲,凡性质相同的晶面,它们的生长速度也应相同。但实际情况经常并非如此。例如当晶体贴着基底面上时,底部的晶面很少得到溶质的供应,其生长速度显然将大为减缓,从而影响整个晶体的形状。又比如,在晶体生长的周围,溶液的浓度相对下降,以及晶体生长放出热量,使溶液密度减小,由于重力的作用,轻溶液上升,从而产生上升涡流。涡流使溶液物质的供给不均匀,有方向性,从而改变晶面的生长速率。

(2)杂质:所谓杂质,指存在于溶液中的、除溶质以外的其他物质。它主要是通过和溶质竞争,而改变晶面的生长速率。一般来讲,杂质的浓度在 ppm 级别,就会对晶体生长产生显著影响。如图 8-15 所示:在磷酸二氢钾结晶过程中,加入铝离子,我们可以看到,加入的量为 5 ppm 的时候,对晶体的形状有了明显影响,随着铝离子的量增加到 6.5 ppm,35 ppm,以及 50 ppm,磷酸二氢钾晶体的形状进一步发生巨大改变,晶体从块状变成针状。这一结果也深刻表明,我们可以通过选择杂质的种类和添加的剂量,来合理调控晶体的形状。

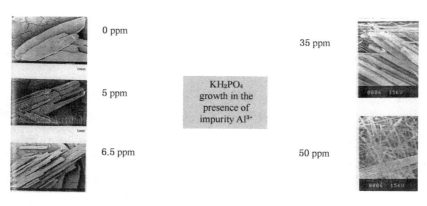

图 8-15 铝离子镀机磷酸二氢钾结晶的影响

(3)过饱和度:在过饱和度高的情况下,溶质供应的不均匀性会相当突出,导致晶体的角顶和晶棱上接受溶质的机会多的部位相对地快速生长,晶面中心则生长较慢而相对凹陷,结果形成树枝状或漏斗状晶体。

(4)组分的相对浓度:当晶体是由不同种类的原子所组成,或由不止一种的阳离子或阴离子所组成时,由于不同性质的晶面上各种原子或离子的分布情况不同,因而介质对它们的生长速度所产生的影响,其方式和程度也不一样。

(5)温度:温度的变化直接导致了过饱和度或过冷却度的变化,相应地改变了晶面的比表面自由能及不同晶面间的相对生长速度,从而引起晶形的变化。

(6)物理场:物理场的类别就很多了,比如:电场、磁场、重力场等等,都会显著改变质点的迁移速率和方向,从而改变晶面的生长速度,并最终改变晶体的形状。而晶体是各向异性的,形状的改变必然导致性能的改变。因此,通过物理场来调控晶型显得尤为重要。比如,在空间站中进行材料的结晶研究,就是利用了重力场的影响。

8.6　晶体的溶解和再生

晶体生长完成以后，并不是不再改变了，还会发生一系列的变化。比如，已形成的晶体当处于不饱和溶液中时，即发生溶解。但是，晶体的溶解并非是晶体生长的逆过程，两者间具有区别：

（1）晶体生长时，不同晶面的生长速度并不是连续的，而是突变的；而在溶解时，晶体上各方向的溶解速度则是连续过渡的，以角顶上溶解最快，晶棱次之，晶面中心最慢，结果使晶体的外形由凸多面体向球体逐渐过渡。这种变化的原因是：角顶、晶棱的自由能较大、与溶剂接触机会较多，因而先发生溶解。

（2）在晶体生长过程中最稳定的晶面是生长速度最小的面，即面网密度较大的面；而在溶解时，由于这种晶面内部键力较强而相毗邻原子面间的键强相对最弱，其溶解速度最大，反而表现得最不稳定。

（3）在实际晶体中，常存在一些晶格缺陷，它们是晶体中的弱点所在。因此，溶解时，除角顶和晶棱处溶解较快外，还常在晶面中回绕这些缺陷的露头处首先溶解形成一些凹坑，这一现象称为蚀象。除了发生溶解以外，生长好的晶体还会发生奥斯特瓦尔德熟化。奥斯特瓦尔德熟化是指晶体生长过程中由于小晶粒的溶解性强于大的晶粒而出现的物质从小晶粒溶出扩散到大的晶粒并促使其长大的现象。因此，在工业结晶过程中，熟化时间的控制显得尤为重要。

9 /功能晶体材料

9.1　金属有机骨架晶体材料

金属有机骨架晶体材料是一种结晶配位聚合物,其中有机配体与金属离子或簇相互连接形成了规则的多孔结构。迄今为止,共报道和研究超过两万种不同的金属有机骨架材料,其中有过渡金属(如 Zn、Co、Cu、Fe、Ni),碱土金属元素(如 Sr、Ba),p 区元素(如 In、Ga),锕系元素(如 U、Th),甚至是混合金属用于金属有机骨架晶体材料的合成。目前,关于金属有机骨架晶体材料的研究大都集中于合成新的金属有机骨架晶体材料并探索其应用,例如气体吸附和分离、催化、传感以及电子和光电设备。金属有机骨架晶体材料中的有机配体通常是有机羧酸盐和有机多氮化合物,例如联吡啶、咪唑、唑等,这对应于两种主要的配位模式:氧配位和氮配位,图 9-1 列出了部分金属有机骨架晶体材料的金属离子/簇和有机配体以及相应的拓扑结构。组分的改变会引起配合物的结构变化,以图 9-1 中 MOF-5 为例,MOF-5 通过 1,4-苯二甲酸(1,4-BDC)配体连接 Zn_4O 形成正方网状结构,再层层堆积为三维立方网络结构,其互连孔直径为 12 Å。而若将金属单元换成 Cr_3O 则结构会变为 MIL-101,MIL-101 是直径为 3 nm 的大型笼状结构。一方面,由于金属有机骨架晶体材料由两个主要成分组成,因此可以通过调整其组分结构,改进目标分子性能从而为合成各种功能纳米材料提供无限的潜力;另一方面,由于构成金属有机骨架晶体材料的金属离子/簇和有机配体的类型数不胜数,这些组分之间的配位方式、配位强度也各不相同,这也意味着将金属有机骨架晶体材料 F 转化为功能纳米材料具有很大的未知性。金属有机骨架晶体材料的典型特征是金属离子和有机配体间以配位键相连接从而使金属原子有序分散,这些配位不饱和的金属位点可以作为高活性的反应位点应用在催化、分离、传感等领域。然而,由于金属有机骨架晶体材料的框架孔隙中存在很大的阻力,要完全去除体相中残留的溶剂分子以暴露出金属有机骨架晶体材料的反应活性位点是很困难的。将金属有机骨架晶体材料设计制备成二维纳米片便可使其具有与二维纳米材料相同的特性，包括大的比表面积和更多的反应活性位点等，从而有效地改善金属有机骨架晶体材料在反应中的活性。

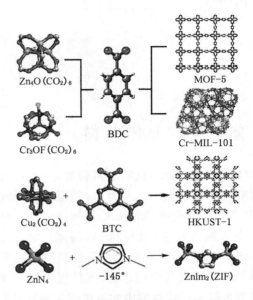

图 9-1　常见的 MOF 晶体材料的金属离子/
簇和有机配体及相应拓扑结构

9.1.1　金属有机骨架晶体材料的分类

金属有机骨架晶体材料根据组分单元的不同，可以按照如下标准分类：

（1）网状金属有机骨架材料（iso-reticular MOFs，IRMOFs）。这种材料的中心金属离子是氧化锌簇，通过有机酸为配体形成，结构为规整的立方体。其中 MOF-5 是 IRMOFs 结构中最为代表性的（图 9-2）。

（2）类沸石咪唑骨架材料（zeo-Hticimidazolate frameworks，ZIFs）。这类材料的有机配体是咪唑酯类，通过咪唑酯中的氮原子和锌离子或钴离子络合形成的一种有着沸石结构的骨架材料。该材料的微观结构和分子筛十分相似，将分子筛中的 Al 原子用过渡金属离子代替，将分子筛中氧原子用咪唑酯取代作为金属离子的桥联。这个系列的主要特点是比表面积大、热稳定性好。

（3）拉瓦锡尔骨架材料（materials of institute Lavoisier frameworks，MILs）。这类材料可以分成如下两种：第一种是铬和铁离子与对苯二甲酸络合形成，第二种

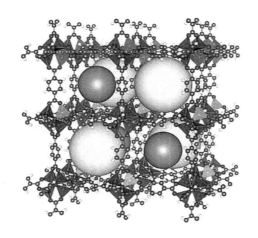

图 9-2　MOF-5 的晶体结构

是过渡金属离子与二元酸络合形成。

（4）孔道式骨架材料（pocket-channel frameworks，PCNs）。这种材料一般是用铜离子作为中心离子、羧酸作为配体，获得一种既有笼型孔（pocket）又有正交型三维孔道（channel）的特殊结构材料，孔道和笼型孔之间相互贯通。

9.1.2　金属有机骨架晶体材料的合成

MOFs 材料的合成一般采用易于溶解的金属盐作为前驱体，选用含有羧基且有芳香环的化合物作为有机配体，例如联吡啶、吡嗪等含氮的杂环原子。采用极性溶剂作为反应溶剂。不同种类的 MOFs 合成条件和方法都不一样。MOFs 材料的结构取决于中心金属离子的种类、配体以及温度和 pH。金属有机骨架晶体材料组分的变化会引起配合物的结构的改变，以图 9-3 中 UiO-66 为例，UiO-66 以 Zr 为金属中心与配体 1,4-二甲酸（1,4-BDC）连接形成正方网状结构。若将其配体换成 4,4'-联苯-二羧酸，则变为 UiO-67，相较 UiO-66，UiO-67 具有更大的孔径；若将金属单元换成 Cr_3O，则会变为直径为 3 nm 的大型笼状结构 MIL-101。由于构成金属有机骨架的金属离子/簇和有机配体的类型丰富多样，而且组分之间的配位方式和强度各不相同，因此可以通过调节其组分结构以达到改进目标分子性能的目的，从而为金属有机骨架转化为各种功能纳米材料提供极大的支撑。目前为止对于金属有机骨架晶体材料的合成策略，主要分为两个大类：传统化学合成；新型功能修饰。在实际研究过程中，这两个大类中所包含的小类合成方法也并不是单一操作的。事实上，研究者在实际工作中经常交叉重叠使用以达到最大化利用价值。

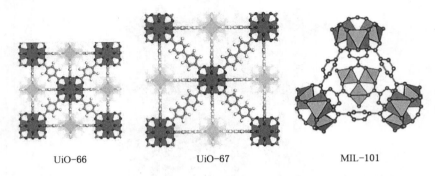

UiO-66   UiO-67   MIL-101

图 9-3　金属有机骨架 UiO-66,UiO-67 及 MIL-101 的晶体结构

1）传统化学合成

传统化学合成包括溶剂法、溶剂热法、电化学合成法、界面反应碱法、超声微波合成法、机械化学碱/研磨法、室温快速合成法等。溶剂法是指在自然温度下,通过滴加或搅拌等操作使均匀分散或溶解在合适溶剂中的金属盐、有机配体混合反应,获得金属有机骨架晶体材料的方法。溶剂热法是指将均匀分散或溶解在合适溶剂中的金属盐、有机配体共同封装在反应釜中,放入高温烘箱反应生成金属有机骨架晶体材料的方法。扩散法是指将分别均匀分散或溶解在合适溶剂中的金属盐、有机配体放置在同一密闭环境中,通过溶剂挥发而缓慢接触生长出金属有机骨架晶体材料的方法。机械化学合成/研磨法是指将金属盐与有机配体在简单混合后(根据需要添加或不添加溶剂),利用机械研磨使反应物反应从而制备获取金属有机骨架晶体材料的方法。电化学合成法是通过不断溶解电极的阳极来获得金属离子;超声微波合成法是通过外加的超高能量的微波和超声波作用于配体和金属离子,使得反应大大加快;室温快速合成法是在原料中形成羟基复盐中间体。

(1)溶剂法:溶剂法是金属有机骨架晶体材料制备中最常用的方法之一,其优势是可一次性批量制备,且操作简捷。例如在 2016 年 Kncheriv 等人使用普通溶剂法在常温下分别制备了 9 个新的性质稳定的 Hofmann 配合物,即将溶于特定溶剂中的 Fe(Ⅱ)金属盐与 2-取代吡嗪(取代基分别为 Cl,Me,I)均匀混合后再向其中搅拌加入溶于特定溶剂的 $M(Ⅱ)CN_4^{2-}$(M = Ni,Pt,Pd),通过一步合成得到性质稳定的产物。鉴于此方法能够一次大量制备材料,所以经常在金属有机骨架晶体材料的分步骤制备过程中提供样品。

(2)溶剂热法:溶剂热法的优势在于使难溶或不溶物在高温高压下溶解并得

到单晶金属有机骨架材料,但也存在实验比较耗能耗时的缺点。例如,Jose 研究团队使用 Parr 高压反应釜在 140 ℃高温条件下反应 4 天,完全冷却后得到了形貌均匀统一且晶型良好的橙红色晶体材料 $\{[Fe(PM-Tria)_2(\mu_2-F)](BF_4)\}_n$。其结构可以简单描述为 Fe(Ⅱ)金属中心之间通过 PM-Tria 配体桥联,在平行于 c 轴的方向层层堆叠,延伸拓展得到一个新型 3D MOF 框架结构(图 10-4)。

图 9-4 $\{[\mathbf{Fe(PM\text{-}Tria)_2}(\boldsymbol{\mu_2}-\mathbf{F})](\mathbf{BF_4})\}_n$ 单晶的晶体结构图

(3) 电化学合成法:BASF 于 2005 年首先报道了电化学合成 MOFs 方法。具体做法是通过不断溶解电极的阳极来获得金属离子,从而代替传统方法中加入的金属盐。这种方法可以避免传统 MOFs 合成反应中存在的阴离子。此外,这种方法选用不溶解有机配体的反应介质。通过不同种类的配体和金属离子直接反应,获得了具有高比表面积的一系列金属有机骨架材料。这种方法由于合成方法简单、能连续合成等优势,有着广泛的应用前景。

(4) 界面反应合成法:界面反应合成法是指扩散在不同相中的反应物向界面扩散而在两相界面处发生反应的方法。该方法可有效限制垂直于界面的分子材料的生长,因此通常用于制备二维金属有机骨架材料。在这一方法中,反应发生在溶剂界面从而能很好控制金属有机骨架材料的成核和生长,特别是液/气界面,由于单层有机配体均匀分散在液体表面从而能够有效控制金属有机骨架材料纳米片的厚度。2018 年,Shete 等人通过界面合成法合成了 Cu(BDC)纳米片,他们将硝酸铜(Ⅱ)三水合物的 DMF/乙腈溶液与 1,4-苯二甲酸溶液混合,在未经搅拌的条件下就形成了 25 nm 厚的 Cu(BDC)纳米片,通过离心收集,然后将这些纳米片掺入混合基质膜中,所制得的薄膜表现出增强的对 CO_2/CH_4 的基质选择性。此外,Huang 等人也采用此方法,利用硝酸铜(Ⅱ)水溶液与苯六硫醇的二氯甲烷溶液形成液-液界面,反应制备了厚度范围为 20～140 nm 的 Cu-BHT 膜(图 9-5)。然而，由于较厚膜的界面约束作用较弱，Cu-BHT 纳米片变成了较长反应时间的粗糙表面，因此可以谨慎地选择反应时间以获得具有规则表面的 Cu-BHT 膜。当然，界面合成法也存在一定的局限性，由于二维金属有机骨架材料纳米片的产量很大程度上取决于界面面积，因此这一方法很难应用于金属有机骨架材料的大规模合成中。

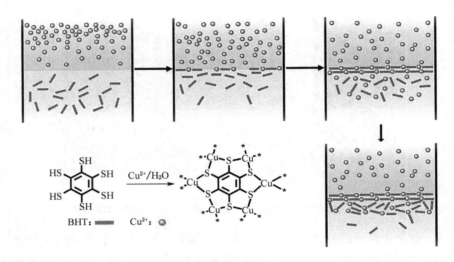

图 9-5　Cu-BHT 金属有机骨架膜的形成示意图

（5）超声微波合成法：该方法基于水热反应法，主要目的是加快反应速率。具体方式是通过外加的超高能量的微波和超声波作用于配体和金属离子，使得反应大大加快。超声微波辅助合成主要优势不仅在于提升材料合成效率、缩短反应时间，还能获得更均匀大小的 MOFs 晶体及更加集中的孔径分布。Zhao 等人报道了利用该方法制备了 MIL-101 材料，可以将原有的合成时间从 24 小时降低至 30 分钟，并且 MOFs 晶体微观形貌更规整。

（6）机械化学合成/研磨法：机械化学合成/研磨法其优势在于操作简单且实验环保，存在样品杂质较多的缺点，且该方法要求分子键能够机械断裂。2017 年，Askew 等人利用机械式研磨成功制备出了三种性质不同的金属有机骨架材料，分别为 $[Fe(atrz)_3]SO_4]$（化合物 1mec）、$[Fe(phen)_2(NCS)_2]$（化合物 2mec）、$[Fe(pyz)\{Au(CN)_2\}_2]$（化合物 3mec），同时他们比较了机械研磨得到的样品（1mec，2mec，3mec）与同效在溶液中反应获得的样品（1sol，2sol，3sol）（图 9-6）。研磨法为未来金属有机骨架材料筛选金属与配体、扩大生产规模、实现绿色化学提供了一条科学可行的道路。

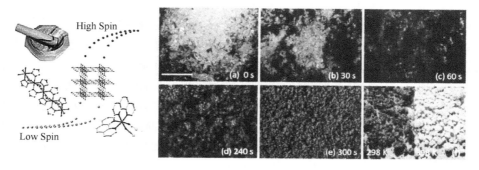

图 9-6　化合物 1mec 在室温下的机械化学反应的示意图

（7）室温快速合成法：室温快速合成法是将一定量的金属氧化物（如氧化锌、氧化铜、氧化钴）加入原料，使得原料中形成羟基复盐中间体。这种方法的优势在于阴离子交换速率较高，从而加速了合成反应，使得反应能耗降低。该方法最早由 Zhao 等人于 2015 年报道，具体做法是将氧化锌加入原料中，形成羟基复盐中间体。在 25 ℃下，仅 1～5 分钟就获得了 MOFs 晶体（HKUST－1），该方法较水热合成法速度更快，反应能耗更低，因此具有十分广阔的应用前景。

2）新型功能修饰法

近几年，对于金属有机骨架材料的发展方向除了采用传统化学合成法外，研究者们也在积极努力拓展尝试金属有机骨架材料的新型设计组装方式。由于晶体尺寸对晶体材料性能有强大的影响，因此针对零维（0D）、一维（1D）、二维（2D）和三维（3D）的金属有机骨架材料的薄膜生长以及纳米图案化可作为两个较为新颖的研究目标。薄膜生长是在基底板上进行材料的固定沉积，以得到均匀、稳定、晶体取向性良好的薄膜。迄今为止，已有许多薄膜制造技术被报道出来，包括 LB 法、旋涂（Spin-coating）、滴铸（Dip-casting）等沉积技术。通过薄膜制备有利于探究金属有机骨架材料在 2D 网络框架下的物理化学特性演变以及分子与衬底、分子与分子之间的相互作用机制，科学家们甚至着手设计制造出了在实际应用中具有潜力的金属有机骨架材料纳米级薄膜器件。考虑到薄膜生长不总是呈现理想化的均匀薄膜，因此为解决这一问题研究者们开始采用纳米图案化方法，简单来说就是将一定数量的功能性材料固定到一定的区域中。目前主要可分为自上而下法和自下而上法，创新性将纳米图案化与金属有机骨架材料合成技术相对接，有可能实现功能性金属有机骨架材料纳米级组装。

（1）LB 法：LB 法是薄膜生长中最通用的技术之一，LB 法可以简单解释为将浸泡在溶液中的单分子层转移至固体基质上层层堆叠形成多层膜。2010 年，Kitchen 等人报道了一种 Fe(Ⅱ)三唑配合物，这是第一次利用 LB 法制备出了相应具备自旋切换特性的薄膜，因此在金属有机骨架材料薄膜生长方面是一个具有重大意义的突破。2012 年，Otsubo 等人描述并制造了一种具有高取向度的多孔柱状 Fe(pyz)[Pt(CN)₄] MOF 薄膜(图 9-7)。在这篇报道中，作者对 LB 法进行升级得到了 LB-LbL 法，使用改善后的 LB-LbL 法，完成了金属有机骨架材料薄膜的层层组装，成功得到晶体高度有序的 3D 金属有机骨架材料薄膜。此外，研究结果表明所制备的薄膜还具有吸附与解析行为，可在光学、电子器件等领域有长足发展。因此，开辟金属有机骨架材料晶体有序薄膜制备技术是未来功能纳米材料发展的重要领域之一。

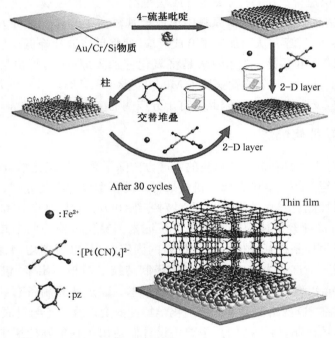

图 9-7　在液相中逐步制备 Fe(pyz)[Pt(CN)₄]薄膜的方法示意图

(2) 旋涂法：旋涂法是指在高速旋转条件下，置于基底上的材料由于离心力而均匀展开固定沉积在基底上的过程。2014 年，Tanaka 等人合成了一种 Fe(Ⅱ)型 SCO 配位聚合物纳米颗粒，随后他们将这种纳米颗粒分散在特定溶剂中并旋涂在基底板上，同样得到了高性能金属有机骨架材料的薄膜。

（3）滴铸法：滴铸法是指在基底板上滴加溶液，待溶剂挥发后使得溶剂沉积在基底上的方法。2015 年，Pukenas 及其同事使用滴铸法将[Fe(bpp)$_2$][BF$_4$]$_2$滴到高定向热解石墨（HOPG）表面上获得了具有特殊珠链结构的纳米金属有机骨架材料薄膜。

（4）纳米图案法：鉴于金属有机骨架材料薄膜的实际应用，开发纳米级模型是一项具有挑战性的任务。纳米图案化中自上而下法包括电子束光刻、光刻、纳米压印等技术，自下而上法包括微接触印刷、喷墨打印技术、纳米静电印刷等技术。Ln 等人课题组报道了经典金属有机骨架材料 ZIF-8 薄膜的制备，分别使用光刻和微接触打印技术简单制备得到了 ZIF-8 薄膜（图 9-8）。值得注意的是，这种薄膜可以实现在选择性化学传感器上的应用。

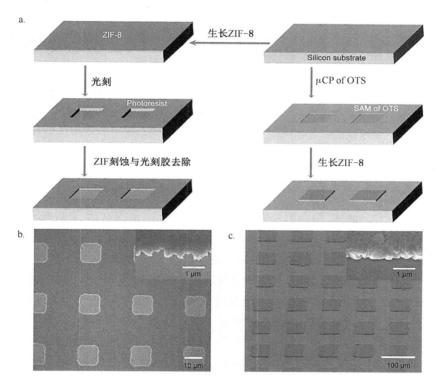

图 9-8　通过光刻（左）和微接触打印（右）制作 ZIF-8 薄膜示意图及所对应的 SEM 图像

（5）模板辅助法：在模板辅助方法中，金属有机骨架材料的成核和生长均发生在模板表面，可以将其分为硬模板和牺牲模板。硬模板法是一种常规策略，可将目标材料可控制沉积在未反应的基材上,其中目标材料的形态可通过基材的表面性质来调节。2017 年,Huang 等人首次报道了盐模板限制原位合成高质量沸石咪唑骨架(ZIF - 67)纳米片(图 9-9)。盐微晶间隙中填充的有限体积溶剂能有效地限制 ZIF - 67 的生长空间和方向,同时,前驱体不足保证 ZIF - 67 纳米颗粒仅沿盐微晶平面延伸。由此制备的 ZIF - 67 纳米片表现出均匀的形态和 4.5 nm 厚的超薄结构。硬模板法的一大优点是通过选择合适的底物,可以将二维金属有机骨架材料的生长控制为纳米片阵列。

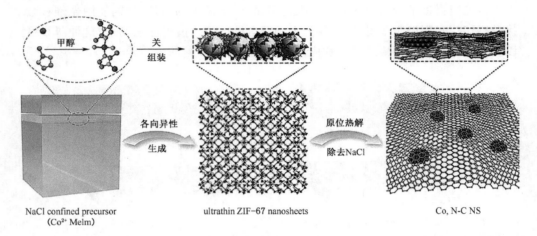

NaCl confined precursor
(Co²⁺ Melm)

ultrathin ZIF-67 nanosheets

Co, N-C NS

图 9-9 通过盐模板限制原位生长和煅烧策略合成 ZIF - 67 纳米片和 Co, N - CNS 的示意图

牺牲模板法则是以模板自身作为前体,进而合成金属有机骨架材料的方法。常用的牺牲模板有金属氧化物和 LDHs。Zhuang 等人报道了一种利用非晶态金属氧化物(M - ONS)作为牺牲模板,通过受限配体配位形成 MOF - 74 纳米片的方法(图 10-10)。他们利用水热条件下的酸性配体溶液来实现可控的 M - ONS 中金属离子的浸出。与金属氧化物表面相邻的金属离子数量的增加会导致金属有机骨架晶体有限生长成 2D 结构。通过这种方式可以获得一系列 MOF - 74 纳米片,包括单金属(例如 Co,Ni 和 Cu)MOF - 74 纳米片和双金属(例如 FeCo,NiFe 和 CoCu)MOF - 74 纳米片。这种牺牲模板方法被认为是将 LDHs 或金属氧化物转化为 M - MOF 纳米片(M 是指前体中的金属)的通用方法,该方法已用于制造其他相应的金属氧化物和 LDHs 材料。

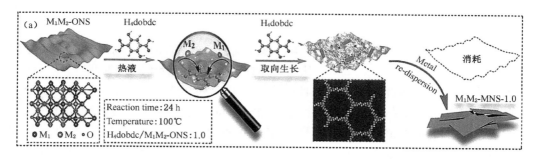

图 9-10　M-ONS 与 H₄dobdc 配体的 2D 氧化物牺牲方法(2dOSA)转化形成 M-MNS 的示意图

9.1.3　金属有机骨架晶体材料的应用

到目前为止,已经合成了 20 000 多种不同的金属有机骨架晶体材料,并成功应用于许多领域,如电化学、荧光成像、生物分子识别、太阳能电池等。纳米金属有机骨架晶体材料表现出比其他纳米材料更好的性能,例如具有原子厚度的层中电子在纳米层之间的运动,使金属有机骨架晶体材料表现出高度柔性的光电特性。此外,原子尺寸厚度和大表面积,也进一步提高了金属有机骨架晶体材料纳米片的比表面积,扩大了其在表面活性领域的应用。

1)储能器件

工业化发展背景下,随着人类对不可再生的化石能源的过度使用并且在大量消耗过程中排放过量的 CO_2、SO_2、SO_3 等气体,伴随着严重温室效应与环境污染问题,对生态环境以及人类生存造成很大的威胁。面对近在眼前的能源危机与环境污染,开发可持续、安全、高效的能源存储器件是解决这个迫切问题的方法之一。化学领域对储能装置的研究集中在电池与超级电容器这两大方向,对可充电电池而言,高能量密度、高效率以及可维持多次循环稳定是其市场发展的基础要求。超级电容器的性能主要取决于电极材料,比表面积大、能量密度高、电导率高、循环稳定性好是优异的电容器的基本要求。金属有机骨架作为晶体材料的后起之秀,可应用于储能领域最大的优势在于其可构建的理想结构和可整合的多种化学功能,可控的拓扑结构奠定了优良导电性的可能,可定制的有机配体决定了丰富孔隙与大比表面积的来源,通过对孔径的修改可以达到调和功率和能量密度的目的。总而言之,金属有机骨架是连接纳米工程与储能装置的利器。

2）传感器

随着人类生活需求的提高,对环境检测、医疗健康、食品安全以及排放控制等领域的限制越来越严格,那么实现快速选择性地检测气体分子对人类高效生产、健康生活至关重要,因此对高灵敏度且快速响应的传感器件的需求不断增加。一个合格的传感器要满足:①传感器与目标检测气体间要具有能产生反应信号的能力;②传感器对目标检测气体的响应时间与恢复时间要尽可能短;③在有干扰性气体存在情况下,传感器能选择性只对目标气体产生响应;④传感器能在每次相同的实验条件下给出一样的反应信号;⑤传感器所能识别的最低气体浓度即检出限(Limit of detection,LOD)越低,表明传感器灵敏度越高。对传感器的高要求使得研究者们更加关注具有多孔结构的材料,而在众多的多孔材料中,金属有机骨架材料凭借其可调控孔洞结构、高孔隙率、多活性位点等优势脱颖而出,在传感器件中具有广泛的应用前景。

生物传感器是一种可以识别生物分析物类型和/或量化其浓度的传感器。生物分析物包括生物化学化合物(例如葡萄糖、抗坏血酸、多巴胺),核酸菌株(RNA或DNA),抗体,病毒颗粒等。当前有几种生物分析物检测方法,包括酶联免疫吸附测定(ELISA)、放射免疫测定、化学发光测定和电化学测定。在这些方法中,基于电化学的检测因其操作简便、分析简单而且易于制备而备受关注。此外,化学生物传感器测定法能提供常规方法无法实现的定性和定量检测,这在医学诊断和监测疾病治疗中是非常重要的。MOFs 材料由于其高的热稳定性和化学稳定性所带来的出色电化学生物传感器性能受到了关注。但是,大块 MOFs 的微米尺寸导致其在溶液中的分散性差,不可避免地在测量过程中容易从电极表面脱离,这大大阻碍了它在电化学生物传感器中的应用。因此,纳米级且超薄的 2D MOFs 材料应运而生,成为电化学生物传感器材料的有力竞争者。首先,2D MOFs 材料具有明确的孔结构,可以包裹外部分子,从而增加电子转移;其次,超薄的厚度赋予其出色的电子特性,使传感器具有更好的检测灵敏度;最后,优异的理化性质,包括良好的生物相容性,高度特异性的结构面积以及在其界面上与生物分子、蛋白质、DNA、细胞和其他生物体的强烈的相互作用,最重要的是,解决了在溶液中的分散性问题。目前,2D MOFs 材料在电化学生物传感器中的研究主要集中于非酶电化学传感器、核酸生物传感器以及电化学免疫传感器。Qiu 研究团队提出了使用掺杂金纳米颗粒(AuNPs)和聚黄嘌呤酸(PXA)复合材料的 2D MOFs 纳米片制造电化学非酶生物传感器来检测多巴胺(DA)。他们将 AuNPs 与 PXA 结合,并通过电沉积技术将其组装在 Cu-四(4-羧基苯基)卟啉(TCPP)上,以增强其电催化活性。实验发现,该生物传感器具有良好的 DA 检测性能,这归因于 AuNPs/Cu－TCPP/GCE 与 PXA 之间出色的电子传递和协同作用。此外,Dong 及其同事报道了使用二维 Cu－TCPP(Fe)掺杂的 PtNi 纳米片作为免疫传感器检测钙卫蛋白(CALP)(图 9-11)。CALP 是乳突病的生物标记物,可用于评估对抗素的治疗反应。对患者的 CALP 的监测对于评估炎症性疾病的严重程度和临床治疗的有效性至关重要。具有大的活性表面积的双金属 Cu－TCPP(Fe)纳米片不仅允许更多的 PtNi 附着结合位点,同时也为抗体固定提供了更多的活性位点。尽管将 2D MOFs 材料用于电化学生物传感已经取得了很大的进展,但是距离其投入实际应用还有很长的路要走。对于 2D MOFs 的材料感测不同分析物的机制、MOFs 在电极表面的固有生长机理仍然知之甚少,而且将 2D MOFs 生物传感器的单一检测转变为多重检测、体外检测拓展到体内检测仍是研究者们努力的方向,这对于实际的临床诊断和治疗具有极大的意义。

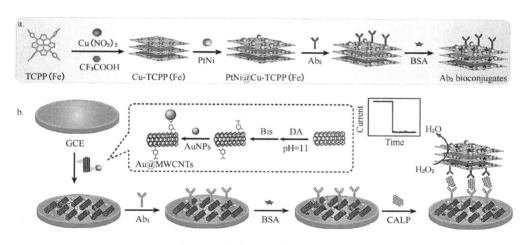

图 9-11 夹心式电化学免疫传感器的构建过程示意图

3) 气体吸附与分离

分离或纯化不仅是化工行业生产高纯度化学品和清洁能源的关键过程,而且是昂贵且耗能的过程。气体分离是指基于气体混合物中分子的化学性质或物理形状及大小的不同,选择性地分离多种气体混合物组分达到净化提纯的目的,如天然气脱硫(CO/CH_4)、氢气纯化(H_2/CO_2,H_2/CO,$H_2/$烃等)、CO_2 捕获,以及烃(烷烃/烯烃、线性/支化异构体)分离等,对于工业生产过程至关重要。作为基础的化工原料,天然气在实际生产操作时会不可避免地掺杂入少量的 CO_2 气体,针对性

地分离出 CO_2 气体就显得尤为重要。气体分离是工业生产流程中的关键一环,传统的气体分离系统包括精馏、冷凝、吸附等,存在高能耗、高碳排放等问题,因此开发高效、低成本、环保型的气体分离技术以实现超高气体渗透量与超高气体分离选择性是非常具有挑战性的。基于多孔材料的气体分离是研究者们一直关注的领域,无机类多孔材料例如沸石、硅酸盐等存在分离效率低的问题,而金属有机骨架材料作为多孔材料中的新兴佼佼者,凭借其优越的化学性质及多孔骨架结构成为未来气体分离非常具有替代性的存在。金属有机骨架材料在气体分离领域的优越性主要体现在:①孔隙的可控性,通过对金属及有机配体的设计达到气体高吸附容量;②选择性分离,通过对金属有机骨架材料丰富活性位点的精准修饰,实现对特定气体分子的专一性吸附分离。考虑到金属有机骨架材料块状材料的机械性能较差,不易应用到实际生产过程中,制备超薄多反应位点的金属有机骨架材料分离膜是近年来的研究重点。

但是,由于离散晶体构建的全 MOFs 膜的制造过程复杂而且机械稳定性差,研究者们提出将机械柔韧性好的聚合物材料与 MOFs 材料复合制造杂化膜。目前大部分的报道更多地研究了基于二维 MOFs 的聚合膜,例如分层 ZIF 的剥离以制备分子筛膜(MSMs)、原位制备 2D MOFs 等。这是因为复合膜的渗透性受 MOFs 的大小和形态的强烈影响,相较于传统合成的大块 MOFs 材料,超薄二维纳米结构的 MOFs 掺杂使得复合膜具有更优异的吸附分离性能。Peng 研究团队利用高度结晶的层状 $Zn_2(bim)_4$ 构建分子筛膜,所制备的 MSM 具有出色的 H_2/CO_2 分离性能(图 9-12)。他们通过湿式球磨和挥发性溶剂超声处理结合制备纳米片,并通过热滴涂层工艺制成膜。由于孔径的大小和结构的灵活性,制得的分子筛纳米片(MSN)排除了 CO_2 的渗透,并允许 H_2 通过。令人惊喜的是,在使用 400 小时后,复合膜仍完好无损。此外,Szilágyu 等人和同事在 Pd 薄膜的表面上制备了 MOFs 薄膜,以用作 CO/H_2 分离的保护性预筛层。Troyano 等人制备了负载有 Mg_2(dob-dc) MOFs 纳米晶体的混合基质膜。掺杂 MOFs 纳米晶体的聚合物膜对 H_2,N_2,CH_4 和 CO_2 的渗透性增强,对 H_2/CH_4 和 H_2/N_2 混合物的分离性也有所提高。在过去的十年中,MOFs 材料气体吸附与分离领域的研究发展迅速。在许多分离实验中,就某些核心参数(包括选择性和容量)而言,MOFs 与商用材料(如沸石)相比已显示出优异的性能。而且,从对新型 MOFs 材料的研究中也可以观察到分离性能的不断提高。

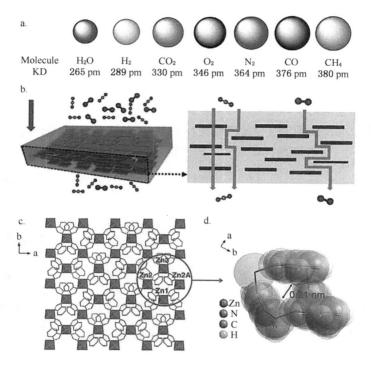

图 9-12　$Zn_2(bim)_4$ 的晶体结构及其构建分子筛膜示意图

4）大气集水

水是生命之源，然而，大约到 2050 年世界上将有一半以上的地区面临水资源短缺的问题。在水资源领域，废水的循环利用、海水淡化、空气水捕获等措施都可以有效缓解水资源短缺的问题，而在上述的应用中能够进行离子分离的节能环保膜发挥着至关重要的作用。然而传统的聚合物膜由于有一个致密的选择层，导致聚合物膜的选择性和渗透性都比较低。相反，由于金属有机骨架材料独一无二的优势（巨大的孔隙率、丰富的官能团以及独特的孔洞结构等），使其在水资源领域的应用方面成为一种极具潜力的纳米材料。特别是基于金属有机骨架材料的分离膜，由于金属有机骨架材料的独有的特性，使得分离膜具有高度选择性以及良好的渗透性，是极具前途的分离材料之一。例如，Jian 报道一种水稳定性的超薄二维金属有机骨架材料纳米膜（Al - MOF 膜）。这种用金属有机骨架材料组装成的多孔分离膜由于高的水通量和较好的渗透性，作为离子分离膜材料极具优势。实验证明，Al－MOF 膜的水通量高于 $2.2\,mol/(m^2 \cdot h \cdot bar)$ 时，并且对于无机离子的截留率达到 100%。国际纯粹与应用化学联合会（IUPAC）在 2019 年公布的化学领域十大新兴技术中指出，超强吸水的金属有机骨架材料将有望实现安全、绿色、无能耗的空气水捕获挑战目标。Kim 研究小组在 2017 年报道了纳米材料 MOF－801 可以从大气中捕获大量的水（图 9-13）。同时还证明了 MOF－801 可以从干燥的沙漠空气中获取可饮用的纯净水，除了自然太阳光之外不需要额外的能量输入。通常条件下，1 kg 的 MOF－801 就能在相对湿度低至 20% 的沙漠环境下每天收获 2.8 L 的纯净水，为沙漠地区实现了一种无能耗的空气水捕获目标。

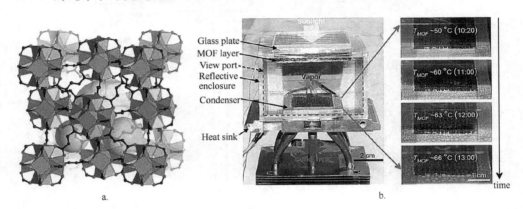

图 9-13　a. MOF－801 的结构；b. MOF－801 的空气水捕获策略

5）污水处理

对污染水体进行消毒和净化，是解决水资源短缺较为关键的步骤之一。其中有毒重金属离子（如汞离子、钴离子、铬离子等）对环境的污染，严重危害着人类健康，也是现代文明所面临的全球最大环境问题之一。其中，由于汞的高毒性、高流动性、高环境循环率会严重损害人类的大脑、中枢神经，汞的排放已经成为人类目前最为关切的问题之一。因此，实际开发一种低成本、高效的捕获汞离子的技术极具现实意义。为了降低水资源中的汞含量，目前主要包括沉淀、吸收、萃取以及离子交换等改进技术。然而，由于上述技术存在着吸收能力低、选择性差、吸附动力学慢等缺点，在实际应用中存在一定的局限性。因此，开发理想的材料和技术来实现对水中的汞离子实现有效地捕获是迫在眉睫的。金属有机骨架材料为这方面提供了有效的解决方案：Awual 研究组探索高度有序介孔二氧化硅基纳米复合材料对水中 Hg（Ⅱ）离子的捕获和去除。他们将二氧化硅与 N,N－二水杨酸-4,5-二甲基亚苯基配体共混,制备二氧化硅基纳米复合材料,这种材料即使是在痕量汞离子水溶液中也能产生一种光学颜色信号。当在纳米复合材料中引入 Hg(Ⅱ)离子时,纳米复合材料会产生吸收峰,并且吸附的 Hg(Ⅱ)离子逐渐增多,材料的颜色会由原始的淡黄色逐渐变为暗红色。此外研究组还通过对溶液 pH、反应时间、初始金属离子浓度测定,探究材料对 Hg(Ⅱ)离子的去除能力。实验表明,Hg(Ⅱ)离子在短时间内就能够达到吸附平衡,最大单分子层吸附量为 179.74 mg $\cdot$ g^{-1}。在灵敏度和选择性方面,金属有机骨架纳米复合材料是一种很有前途的用于原位环境污染事件的材料。在吸附水中的汞的应用中,使用多孔吸附材料对汞离子进行化学吸附是比较优越的技术之一,操作技术简单,成本较低。例如巯基功能化材料,由于汞和硫之间存在强的软相互作用,能够有效地捕获汞离子。然而,材料的低比表面积、小且不规则的孔径以及较低的螯合位密度限制了其在水资源领域的实际应用。相较于上述材料,巯基功能化金属有机骨架由于其优异的物理化学性能,成为一类新兴的吸附材料,有望缓解汞离子对环境的污染。

此外,磁性纳米粒子(MNPs)和 MOFs 结合而成的磁性复合材料具有强的化学稳定性以及催化性能,并且磁性复合材料可以通过对外加磁场的调控进行定向移动实现样品分离。到目前为止,磁性复合材料在检测和去除水中污染物(例如 Hg^{2+}、Co^{2+}、有机染料等)的应用十分广泛。Huo 等人采用两步溶剂热合成法磁性 MOFs(Fe$_3$O$_4$@UiO-66)。这种表面羧基辅助的直接外延方法可以有效地避免额外的修饰步骤,降低使用有毒有机试剂造成二次污染的风险,并且具有经济、绿色、省时等优点。Fe$_3$O$_4$@UiO-66 具有独特的核壳结构、高的比表面积,并且对砷酸盐表现出大的吸附容量。实验证明:吸附过程符合拟二级动力学模型和 Freundlich 模型,回归系数分别为 0.999 6 和 0.956 6,对砷酸盐表现出远大于原始 Fe$_3$O$_4$ 最大吸附容量(73.2 mg $\cdot$ g^{-1})。这种磁性 MOFs 复合材料能够在水介质中分离阴离子,从而除去水中的无机污染物,进一步拓宽了磁性 MOFs 在水资源领域的应用范围。Mehdinia 等成功制备出一种具有高吸附容量、活性阴离子表面的阳离子交换 MOF 吸附剂[Fe$_3$O$_4$/MIL-96(Al)]。吸附机理是由于 Fe$_3$O$_4$/MIL-96(Al)表面具有丰富的-OH 基团,能够与水中的 Pb^{2+} 之间产生静电相互作用,该吸附剂在水介质中吸附 Pb^{2+} 的吸附容量高达 301.5 mg $\cdot$ g^{-1}。研究表明,整个吸附过程是自发的、放热的、物理的。Fe$_3$O$_4$/MIL-96(Al)吸附剂的吸附容量高于其他对 Pb^{2+} 的吸附的吸附剂,而天然水分析不需要 pH 处理。由于高的孔隙率、负电荷表面以及良好的磁性,该吸附剂可以作为一种合成多种多孔磁性吸附剂原始的基础材料。

6）超级电容器

由于可再生能源的间歇性,实际应用中迫切需要一系列安全高效的电化学储能装置。由于高功率密度、稳定的功能和非常大的比容量等优点,超级电容器(SC)被认为是先进的下一代高性能储能设备的应用候选者。超级电容器包含两种:双电层电容器(EDLC)和伪电容器。在 EDLC 中,电能存储在电极-电解质界面上,彼此之间没有电子交换。而伪电容器则是通过电子转移在电解质和电极的界面上实现快速可逆的氧化还原,因而具有较高的能量密度。但是,大多数伪电容器存在循环稳定性差、功率密度低等缺点,因此,需要进行大量的研究工作以增强超级电容器的功率密度和循环稳定性。MOFs 材料由于具有氧化还原活性的金属中心、可调的孔结构以及高的比表面积而备受关注。当 MOFs 材料用作电极时,可以实现基于内部表面的物理吸附或金属中心上可逆氧化还原反应存储电荷的存储机制。然而,差的电导率和无规则取向也限制了 MOFs 材料的应用,包括电化学充电/放电过程中容量低、稳定性差。为了进一步提高 MOFs 材料的超电容性能,设计具有良好结构的新型层状二维 MOFs 材料是非常有必要的,它可以为导电网络提供稳定的中间层。最近的研究也表明,超薄二维 MOFs 纳米片及其二维纳米衍生材料具有高比表面积,较小的扩散障碍,丰富的暴露活性位点以及其他独特的物理和化学性质,已应用于超级电容器中。Wang 研究团队制备了超薄的 NiCo-MOFs 纳米片(厚度为 1.74~3.87 nm)。他们发现这一纳米片实现了较短路径的电解质扩散、更多的电化学活性位以及增强的电荷储存,这归因于 NiCo-MOFs 纳米片独特且柔性的纳米结构。而且相对高的比表面积和超薄多孔纳米片结构以及 Ni/Co 离子的协同相互作用产生了更为优异的比容。此外,Han 及其同事制备了 Ni/Co-MOF-5 纳米片结构。研究发现超薄纳米片组装的多孔结构可以保护 Ni/Co-MOF-5 避免聚集和失活,从而在迭代氧化还原反应过程中实现循环稳定性。当作为超级电容器的电极纳米材料进行测试时,通过调节添加量,超薄 Ni/Co-MOF-5 表现出出色的电化学性能。同时,将二维 MOFs 纳米片与其他材料复合也是一种趋势,特别是与单壁碳纳米管(CNT)、氧化石墨烯(GO)、氧化还原石墨烯(rGO)或其他碳质材料的组合,不仅能够提高电子电导率,而且可以避免单个 2D MOFs 组件的聚集,进一步优化超电容性能。目前,基于二维 M-TCPP MOFs(M = Co,Ni,Cu)已经报道了 1D-2D M-TCPP 纳米膜/CNT 和 2D-2D M-TCPP 纳米片/GO 复合材料。相较于单一的 2D M-TCPP MOFs,它们都显示出了更高的导电率和更加出色的比电容。

7）海水淡化

将海水中的盐分和污染物去除是目前解决淡水短缺问题的有效方法之一，但是现有的海水淡化技术普遍存在高能耗、工序复杂、费用高等缺点，限制了该工艺的推广和运用。目前，对海水淡化技术的改进主要集中在两个方面：一方面不断改进海水淡化的工艺（包括淡化技术、设备成本、能量回收等）；另一方面设计开发新型的过滤膜。由于低成本、低能耗等特点，膜分离技术受到研究者广泛的关注。近年来，科学家们在具有分子和离子高选择性、高的透过性和水通量的多孔框架材料膜的制备领域也取得了突出进展。其中将 MOFs 与聚合物共混制备的混合基质膜（MMMs）为实现海水淡化提供了新的机会。D'Alessandro 等人报道了由聚乙烯醇（PVA）和 MIL-53（Al）共混所制备的复合材料在海水淡化方面的应用。将 MIL-53（Al）和 PVA 作为物理混合物混合在一起，然后涂覆在 PVDF 中空纤维的表面制备 MMMs。实验证明，MIL-53（Al）是一种具有连接缺陷、分层空隙的 MOFs，能够有效地增加材料上的水通量，提高水的输送效率。脱盐实验表明，对 $100 \text{ g} \cdot \text{L}^{-1}$ 溶液进行脱盐测试时，其脱盐率可以达到 99.99%。

8）电催化

日益严重的环境污染和能源危机迫使研究人员开发可再生资源，以替代传统的化石燃料。因此，人们广泛地研究清洁能源技术，例如水电解、金属-空气电池、燃料电池、二氧化碳到燃料的转化等。电催化反应，例如电解水的析氢反应（HER）和析氧反应（OER），金属-空气电池的 OER 和氧化还原反应（ORR），燃料电池的 ORR 和将二氧化碳转化为燃料的二氧化碳还原反应（CRR）是这些清洁能源技术的基础。为了获得优异的催化性能，需要设计有效的电催化剂来克服这些反应的缓慢反应动力学。迄今为止，贵金属基材料被认为是最先进的电催化剂，例如用于 OER 的基于 Ru/Ir 的材料以及用于 HER 和 ORR 的 Pt。但这些贵金属催化剂因为具稀缺性且成本高，严重限制了它们在可再生能源相关设备的大规模应用。因此，开发高效耐用、廉价丰富的储备型纳米材料替代贵金属催化剂已成为清洁能源研究的一项重要工作。MOFs 凭借其结构和功能的可调性以及超高孔隙率成为最有希望的电催化剂候选材料之一。目前，研究者们已经做了大量关于 MOFs 的电催化研究，发现具有大体积形貌的 MOFs 的金属利用率和离子扩散能力并不理想，会导致界面处的电阻更高，严重阻碍了其在电催化领域的应用。为解决这一问题，已经进行了可控尺寸和形态的低维 MOF 的制造开发。Li 和他的同事合成了厚度约为 4.5 nm 的超薄二维导电钴-六氨基苯金属-有机配位聚合物纳米片（Co-HAB-NSs），发现其对 OER 具有良好的电催化活性以及高度的稳定性。这种 2D MOFs 纳米片出色的性能归因于超薄 2D 层状结构形成的高比表面积以及牢固的 π-d 连接提供的促进催化过程中电子转移的通道。Rong 和同事报道了由泡沫铜支撑的分层 $Cu_3(PO_4)_2$/Cu-BDC 纳米片阵列，并将其用作 HER、OER 和整体水分解的高效双功能催化剂。与块状 MOFs 相比，二维 MOFs 纳米片优势明显。一方面，更多的金属原子在 2D MOF 纳米片的表面暴露，作为电催化的活性位点，有助于提高的催化活性。另一方面，2D MOFs 纳米片的超薄特性允许形成空位以增加载流子浓度，从而提高电导率，同时超薄厚度与高孔隙率的结合也为电催化过程中反应物和产物的快速质量传递提供可能。总的来说，2D MOFs 及其衍生材料是最有潜力的电催化剂，通过调节金属离子或有机配体已经开发了许多有效的电催化剂。许多 2D MOFs 及其衍生材料的电催化性能与商业催化剂 Pt/C 和 RuO_2 相当，有些甚至比贵金属催化剂更好。在未来的研究工作中，需要深入了解 2D MOFs 材料实际的催化活性位点和确切的反应机理，以便进行更好的设计。此外，催化剂的催化性能很大程度上由其电子结构决定，配体工程、应变工程以及将 MOFs 纳米片与 Pt 混合均可优化 MOFs 纳米片的原始电子结构，从而显著提高催化效果。

9）纳米酶

具有酶样催化活性的材料，被称为"纳米酶"，在过去的几十年中受到越来越多的关注。实际上，天然酶产生的一些固有限制，如低稳定性、高成本和对恶劣环境的敏感性，都可以通过使用纳米酶作为模拟物在某种程度上克服。到目前为止，来自不同纳米材料的纳米酶成功地模拟了一系列天然酶，如过氧化物酶、氧化酶、过氧化氢酶、超氧化物歧化酶、核酸酶和磷酸酶，这些酶在研究和医学中得到了广泛的应用。特别是通过模拟过氧化物酶的纳米材料已经实现了一些有趣的应用，例如快速大肠杆菌诊断和肿瘤免疫染色。在模拟酶活性的所有材料中，金属有机骨架结晶多孔材料已经成为有前途的仿生催化剂。一些关键特征，例如来自金属节点和/或具有活性位点的配体的多个催化位点，可定制结构，对环境的高稳健性和便利的可回收性，已经扩展了 MOFs 的应用区域。最近报道了 MOFs 模仿蛋白质水解蛋白酶并监测活性脑中的葡萄糖水平，如过氧化物酶模拟物。然而，基于 MOFs 的块状纳米酶的潜在缺点是，只有一小部分活性位点裸露在表面上，而它们中的大多数隐藏在框架内。因此，由于层与层之间的紧密堆叠，其催化活性显著受损。此外，块状 MOFs 纳米酶的小表面积与体积比限制了用于连接生物识别的潜在结合位点的数量，这进一步限制了它们的生物诊断应用。为了提高 MOFs 纳米酶的催化和生物识别特性，有效的解决策略是将大块 MOFs 结构设计成超薄 2D

MOFs 纳米片。2D MOFs 纳米酶超越其大量类似物在于：①高度暴露具有更易接近的酶促催化活性位点的表面积；②用于与目标靶相互作用的高密度结合位点。虽然已经报道了 2D MOFs 纳米片作为生物测定法，但是结合识别基序并进一步设计用于体内生物诊断应用的方法仍然具有挑战性。

卫辉课题组报道了使用 2D MOFs 纳米片作为过氧化物酶模拟物的体内生物测定的开发研究，从双核桨轮金属簇和金属化四(4-羧基苯基)卟啉(TCPP)配体合成一系列 2D MOFs，以模拟过氧化物酶(图 9-14)。制备的 2D MOFs 纳米酶比其 3D 大量类似物具有增强的过氧化物酶模拟活性。使用不同金属离子金属化的 TCPP，我们发现由 Fe 结合的 TCPP[TCPP(Fe)]配体组成的 2D MOFs 结构表现出最高的活性，证明了血红素样配体在确定纳米酶活性中的主导作用。作为生物测定的概念验证，抗肝素(Hep)肽 AG73 被物理吸附到 MOFs 纳米片上，通过与肽和 Hep 分子相互作用调节酶活性。此外，AG73-2D MOF 作为敏感和选择性生物测定被证明可以监测活大鼠的 Hep 消除过程。

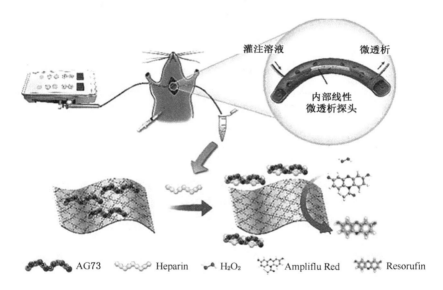

图 9-14 用金属有机骨架纳米片作为过氧化物酶模拟物监测活大鼠的肝素活性

9.1.4 金属有机骨架-聚合物复合材料

随着技术的进步，聚合物在各个领域都得到了广泛应用。相较于金属有机骨架，聚合物具有各种独特的性能，例如较强的力学性能、柔软性、可塑性以及化学稳定性。由此，研究者尝试将金属有机骨架与聚合物进行杂化，他们惊喜地发现杂化产生的新材料具有金属有机骨架与聚合物不具有的性质。金属有机骨架与聚合物材料的整合方法主要有以下几种（图9-15）。

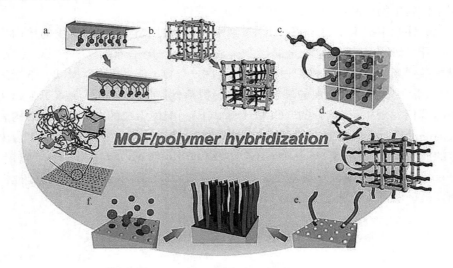

图9-15 金属有机骨架-聚合物复合方法

1）金属有机骨架纳米通道内聚合

许多情况下，聚合物的单体是易于被引入多孔材料的空隙中的小分子，当可聚合的单体物质存在于客体的空隙中时，则这些单体可以在多孔材料中聚合。此外，单体小分子在密闭空间中的聚合可以对聚合物的结构进行可控制备，这对于改善材料的性质与功能是至关重要的。2005年，Uemura等人在他们工作中进行了苯乙烯自由基在一维纳米通道中聚合，通过加入自由基引发剂，使得苯乙烯单体在纳米通道中聚合，制备聚苯乙烯(PSt)-金属有机骨架-聚合物复合物。

2）金属有机骨架纳米通道中封装聚合物链

在金属有机骨架纳米通道中封装聚合物链的方法是在聚合物存在的条件下使金属有机骨架进行自组装。由于对聚合物的尺寸要求低，所以这种方法的通用性很高。而对于传统的制备方法而言（例如原位聚合法），在制备金属有机骨架-聚合物材料的过程中需要对聚合物的分子量和负载量进行精确控制。Abbasian等人证明，可以通过聚合物熔融加工的方法将聚合物封装在金属有机骨架纳米通道中，制备金属有机骨架-聚合物复合材料。然而,高分子量的聚合物通常具有较高的熔点,所以熔融加工的方法无法制备复合材料。另一种方法是通过将金属有机骨架材料浸入聚合物的溶液制备金属有机骨架-聚合物复合材料,这种方法适用于利用高分子量的聚合物制备复合材料。

3)金属有机骨架基混合基质膜(MMMs)

为了扩大金属有机骨架材料在各个领域的综合应用,必须将粉末状金属有机骨架材料加工成一定的形状。但是由于金属有机骨架材料的灵活性和可加工性能较差,难以制备出具有特定形状的材料,实现其在气体分离、催化等领域的应用。由于与聚合物具有良好的相容性和高度的可设计性能使得金属有机骨架材料与聚合物的共混的制备技术脱颖而出。Rodrigues 等人将 Llio-bb(2r)和 MZL-101(Cr)分散在聚氨酯中得到纳米结构基质膜(MMM),该材料可以广泛地应用于气体分离、渗透汽化和纳米过滤等方面。其制备过程主要包括:将聚合物材料以及金属有机骨架材料分别通过机械搅拌或超声的方法分散在溶剂中,然然后将上述两种溶液物理共混制备混合基质膜。

9.2 氢键桥联有机骨架晶体材料

氢键桥联有机骨架(HOFs)晶体材料指的是一种由可逆的分子间氢键作用力自组装而成的有机框架,同金属有机框架(MOFs)、共价有机框架(COFs)以及多孔配位聚合物一样,具有卓越的孔隙率、高模块化和多功能的特点。最早关于氢键桥联有机骨架晶体材料的报道要追溯到 Duchamp 在 1969 年报道的以 1,3,5-均苯三甲酸作为骨架得到的晶体结构,但在接下来的二十年里,氢键桥联有机骨架晶体材料的研究进展停滞不前。20 世纪 90 年代,Wuest 教授及其同事制得了大量的氢键桥联有机骨架晶体,他们为合成与设计氢键桥联有机骨架打下了前期的基础,但是在这一阶段,有关此材料的孔洞特性并没有被探究。直到 2020 年,Chen 的研究组报道了通过气体吸附等温线证明带有永久孔隙率的氢键桥联有机骨架晶体材料,并将它们应用于气体分离。设计和装配氢键桥联有机骨架晶体材料在过去十年里引起了人们极大的兴趣,因为氢键的固有特性(灵活的、多方向性的、可逆的)意味着它具有许多不同于沸石、MOFs、COFs 的优点。首先,与 MOFs 相比,HOFs 因缺乏金属节点而呈现出低密度性以及按重量计具有较高的理论孔体积;其次,与 COFs 相比较,弱的相互作用力使单晶更易生长,以获得更详细的结构信息;除此之外,HOFs 通过溶解和再结晶的方法易于再生。但事实上,发展 HOFs

材料面临许多挑战,氢键作用力比配位键和共价键弱,除此之外,许多超分子网络的稳定性依赖于溶剂客体分子,客体分子一旦被去除,会产生许多密集的同分异构体,则有机框架会坍塌,只有具有刚性及定向构筑单元的 HOFs 才能呈现出永久的孔隙率。因此,实现带有永久孔隙率的氢键桥联有机框架是这一领域的转折点。2012 年,Oppel 等人报道了以三联癸酸苯并咪唑为刚性骨架形成的 HOFs,其比表面积可高达 2 796 m^2/g,在由离散分子组成的多孔材料中,此材料的比表面积最大。高孔隙率 HOFs 的实现为多功能孔洞材料的发展提供了动力,并激发了人们继续开发新的 HOFs 材料的兴趣。迄今为止,HOFs 作为一种新型的多功能材料已显示出巨大的潜力,可以探索其在气体储存和分离、分子识别、导电和光学、非均相催化和生物医学等多方面应用。

9.2.1 氢键桥联有机框架的设计原理

合理设计构造 HOFs 的基本问题应集中在孔隙率、框架刚性和材料稳定性上,因此,在构造其他结晶性材料中证明的某些方法可能同样适用于 HOFs 的合成。但是,具有相应氢键的有机分子的固有性质使得 HOFs 的自组装更加复杂,因此,合理设计 HOFs 的方法需要综合很多知识。此外,还应考虑构建具有功能位点的HOFs 的问题。鉴于有机基团的多样化,许多分子可形成氢键(图 9-16),包括羧酸、吡唑、2,4-二氨基三嗪、酰胺、苯并咪唑酮、2,6-二氨基嘌呤等。由于氢键的柔性,这些有机基团可以通过合理地组装成不同几何形状而产生巨大的多晶型产物。但是,只有拥有能量上有利的框架 HOFs 才能从分子构件中结晶出来。Cooper 和Day 等人通过计算晶体结构的能量—结构—功能图,提供了一个很好的方法来识别具有高性能的高孔隙率的 HOFs。他们的研究表明,在 MOFs 和 COFs 中证明成功的经验和原则不能简单地应用于 HOFs 的设计。原则上,具有相同数目的氢键供体和受体的有机基团更适合于 HOFs 的生成,因为这些氢键的供体/受体可以明显地形成一些固有的氢键单元,如二聚体、三聚体甚至是链状结构。显然,氢键构筑单元比单个供体/受体更刚性和具有方向性,这有助于 HOFs 的构建。因此,将氢键构筑单元与合适的有机骨架结合起来(图 9-17),可以生成具有各种拓扑结构和孔洞结构的扩展框架。氢键单元的概念对于高孔隙率 HOFs 的构建至关重要,因为它们的几何形状影响着所形成的网络,而有机主链的长度通常决定着孔径的大小。实际上,通过相同的连接方式,但是采用不同长度的同构型有机分子可生成不同晶格的 HOFs,例如,已经成功合成了分别以 C2-对称六羧酸、氟化三吡唑、三苯并咪唑酮为氢键构筑单元的一系列 H-HexNet HOFs。除了单组分

HOFs,有些研究者还会使用混合配体的方法来构建多孔 HOFs(图 9-18),例如使用脒盐磺酸盐和磺酸铵盐。实际上设计这种结构比起单组分系统更困难,但这种方法的实施可以使该领域的研究者构建出多种多孔材料。

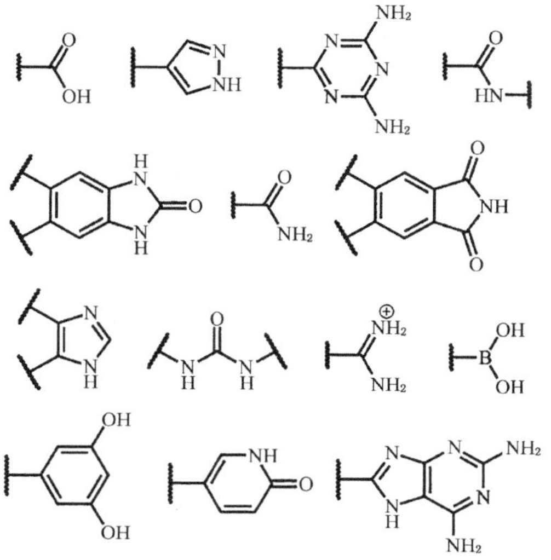

图 9-16　各种包含 O/N 的有机基团,用于潜在的氢键合成单元

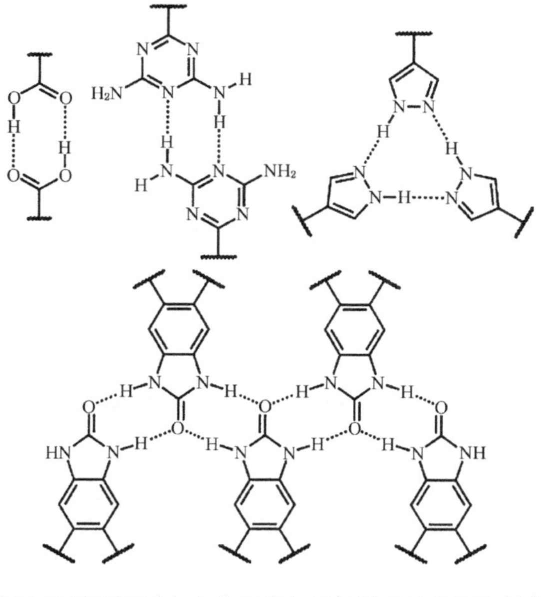

图 9-17　由常见有机基团通过多个分子间氢键组装成的典型氢键单元的几何形状

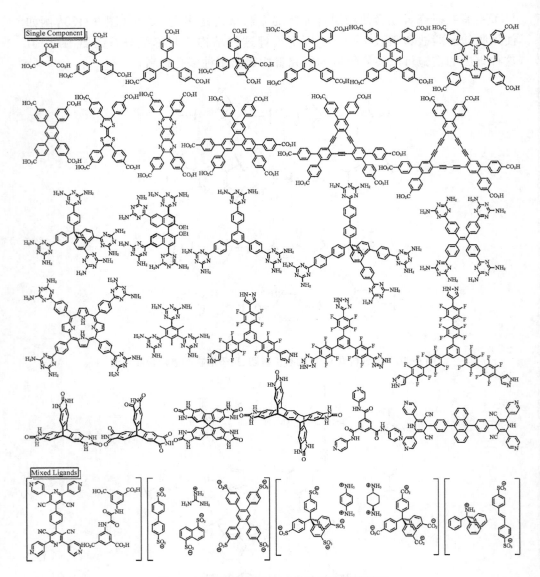

图 9-18　用于构建 HOFs 的有机配体示意图

　　实际上,利用客体分子的模板作用,即使对于那些分子间作用力非常弱的多孔固体,HOFs 理论孔隙率也可以达到极高的值。但是,在大多数情况下,由于脆弱的分子间作用力,在除去客体分子后框架会坍塌。为了生成具有高稳定性和刚性框架的 HOFs,可以采取以下几种方法:

（1）从分子组装到形成 HOFs 的过程中获得更强的分子间作用力。为此,有机配体之间多个氢键相互作用或者阴阳离子之间的电荷辅助氢键(尤其是高电荷的离子键)对于构建稳定的 HOFs 是有利的。因此,多官能团的有机分子将是很有前途的候选配体。对于带有电荷的氢键,所涉及配体的酸性和碱性与氢键的强度直接相关,强酸和强碱的结合可产生永久的孔隙率。

（2）使用带有立体骨架的刚性有机配体构造 HOFs,尽管大多数具有弱氢键的多孔有机固体中氢键单元的键合可能对于去溶剂化过程很敏感,但是由于立体效应导致的分子间堆积不足,有些超分子骨架仍具有永久的孔隙度。例如,Adia 和 Yamagish 等人报道了通过极弱的 C—H⋯N 氢键作用从聚吡啶分子组装成多孔有机分子晶体,但显示出的 BET 比表面积为 219 m^2/g。

（3）适当引入互穿到 HOFs 结构中。众所周知,互穿会减小孔径但是可以增强骨架稳定性,这是因为互穿的框架有较低的能量并且在热力学上是有利的。通过控制结晶的条件(如:溶剂、温度),互穿的框架很容易实现(如多元羧酸)。

（4）获得额外的分子间作用力,如 π-π 堆积和范德华力来稳定 HOFs 的构造。分子间的相互作用(如 π-π 堆积)也是其他稳定且刚性有机多孔固体的重要驱动力,特别是对于包含 π-共轭体系的 2D COFs 而言。实际上,由于芳香环的惰性反应性,它们的存在增强了有机分子对溶剂、酸和碱的耐化学性。因此,应当使用具有大平面的芳香分子来构建稳定的 HOFs。

（5）避免存在形成末端氢键的供体和受体,因为它们可能与极性溶剂分子相互作用,从而增加了活化的难度和复杂性。因此,在合成 HOFs 时也应避免使用大极性和高沸点的溶剂。

简而言之,通过将有方向性的氢键构筑单元与刚性有机骨架结合,可以实现具有强分子间相互作用的多孔 HOFs,其中分子稳定性对于实现永久孔隙率起着至关重要的作用。

9.2.2 氢键桥联有机框架的应用

1）气体的储存

以一个简便、经济和安全的方法进行便携式气体的储存与运输是一个很大的挑战,特别是如 H_2 和 CH_4 这类能源气体。因为 CH_4 丰富的自然含量以及低二氧化碳排放量,它是一种很好的清洁燃料。用于储存 CH_4 的氢键连接的框架已被充分证明可作为未来潜在的重要燃料,例如甲烷水合物,它类似于冰的一种固体,其

特点是大量 CH_4 分子被水分子捕获(图 9-19)。在 9.7 MPa 下,1 体积的完全饱和水合物将分解成约 180 体积的 CH_4,相当于 15wt%。但是研究者们进一步探索在常温常压下进行可逆和可充电式存储。

因为 HOFs 的比表面积大和低密度的优点,它可作为储存气体的材料之一。目前,HOFs 对于某些重要的气体如:H_2、CH_4、CO_2 呈现出很高的储存能力(即便在常温条件下)。

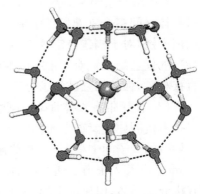

图 9-19 甲烷水合物的笼子结构

在攻克了孔隙率这一难题之后,用于气体储存的 HOFs 开始被相继报道出来。如图 9-20,在 2010 年,Yang 等人报道了一个稳定 SOF-1($C_{60}H_{36}N_{10} \cdot 2.5DMF \cdot 3MeOH$),它对 CH_4、C_2H_2、CO_2 有较高的吸附能力。在这个框架结构中,庞大的二氢吡啶基通过多重氢键(N-H⋯N,2.87Å)形成层状网络,层状网络再进一步通过弱的 C—H⋯N 和 π-π 相互作用堆积成 3D 立体结构。沿着此 HOF 的结晶轴,1D 吡啶基修饰的孔洞大小为 7.8 Å,空隙体积占总晶胞体积的约 34%。有趣的是,脱溶剂的 SOF-1a 表现出随温度变化的孔隙率,从 77 K 到 125 K,对 N_2 的吸附显著增加,这意味着它拥有一定的柔性骨架,基于 125 K N_2 吸附等温线,SOF-1a 的 BET 比表面积为 474 m^2/g。在同一温度不同压力下,对不同气体有特异性吸附,在 1 bar 条件下,对 C_2H_2 吸附值为 124 $cm^3 \cdot g^{-1}$;在 10 bar 下,对 CH_4 的吸附值高达 106 $cm^3 \cdot$

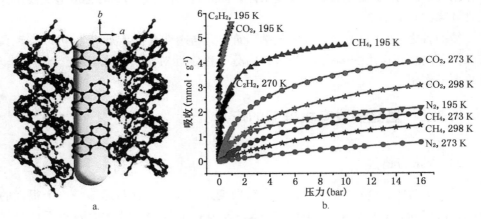

图 9-20 a. 带有 1D 孔洞的 HOFs-1 3D 结构;b. HOFs-1a 对 N_2、C_2H_2、CH_4、CO_2 不同温度下的吸附曲线

g^{-1}；在 16 bar 下，对 CO_2 吸附值为 69 $cm^3 \cdot g^{-1}$。因为其高孔隙率和大的比表面积，HOF-1a 在气体储存方面优于许多其他的结晶性分子有机固体。增强 HOFs 气体储存的能力的有效方法就是增加其多孔性与比表面积。在 2012 年，Mastalerz 和 Oppel 合成了一个高度多孔的 HOFs，三蝶三苯并咪唑酮（$C_{23}H_{14}N_6O_3$，TTBI）（图 9-21）。苯并咪唑酮通过多重氢键（N-H$\cdots$O，2.88 Å）自组装成环状结构，环状结构再进一步形成具有 1D 圆柱（14.5 Å）和类似缝隙的通道（3.8～5.8 Å）的 3D 框架。空隙体积占总晶胞体积的约 60%。脱溶剂后的 TTBI 具有永久的孔隙率，其 BET 比表面积为 2 796 m^2/g，如此高的多孔性使得它对 H_2 的吸附量高达 243 $cm^3 \cdot g^{-1}$（10.8 $mmol \cdot g^{-1}$；2.2 wt%），远远高于同等条件下（1 bar，77 K）一些带有裸露金属位点的 MOFs（例如 Mg-MOF-74），在 1 bar，273 K 下，此 TTBI HOFs 还显示出对 CO_2 有强的吸附能力（80.7 $cm^3 \cdot g^{-1}$，15.9 wt%）。为了发现孔隙度更好的 HOFs，Day 等人报道了一个通过构建能量结构功能图来识别高度

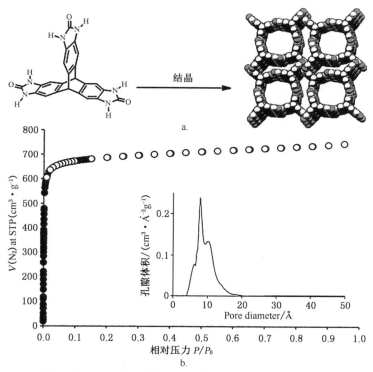

图 9-21　a. 三蝶三苯并咪唑酮的结构示意图；b. TTBI 在
77 K 时 N_2 吸附等温线。插图显示了测得的孔径分布

多孔 HOFs 的方法，它是基于计算框架结构预测和属性预测的结合。仔细进行了几种扩展的苯并咪唑酮和酰亚胺分子的晶格能表面分析。其中许多优于 TTBI HOFs 的高度多孔和低密度的框架可以从大量预测的多态结构中定位(图 9-22)。在这些结构中，一个新的大孔多晶型(T2-γ)TTBI HOFs 被预测为用于储存甲烷的优良 HOFs，它进一步通过结晶成($C_{23}H_{14}N_6O_3$)·7.79DMA(T2-γ)和相对应的吸附实验来验证。苯并咪唑酮 T2-γ 包含大直径(19.9 Å)的六边形孔道，在所有报道的分子固体中显示出最低的密度(0.412 g/cm³)。实验测得 BET 比表面积为 3 425 m²/g。在 115 K 下，此 HOFs 测得饱和 CH_4 吸附值为 47.4 mol/kg。小孔和高密度的多晶型 T2-β 和 T2-δ 也用于烃类化合物的分离。除此之外，通过应用这种构建能量结构功能图的方法，研究者获得了苯并咪唑酮类似物($C_{35}H_{20}N_6O_3$)·17.3DMF(T2E-α)，其显示出直径为 28 Å 的六边形孔道，这是目前为止所报道的

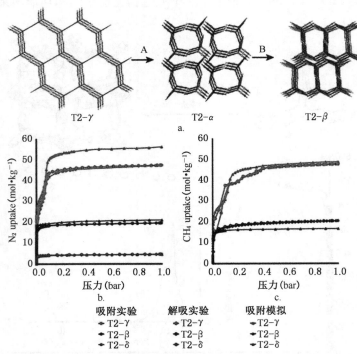

图 9-22 多晶型 **T2** 的晶体结构和气体吸附等温线。**a. T2-γ、T2-β、T2-δ** 预测(红色)和实验(蓝色)的覆盖图。多晶型相互转化的条件：**(A)** 室温下溶剂流失，加热到 **340 K** 或室温下机械研磨；**(B)** 加热到 **358 K~383 K；b.** 氮气吸附等温线(**77 K**)；**c.** 甲烷吸附等温线(**115 K**)；实心圆-吸附实验；未填充的圆-解吸实验；实心三角形-吸附模拟

HOFs 中最大的孔径大小。

这些研究表明,通过设计网状骨架可以进一步提高 HOFs 材料的储气能力。总而言之,对高度多孔结构的进一步研究将有助于在不久的将来最终实现一些用于储能的有前途的 HOFs。

2) 气体的分离

由于重大的环境、能源和健康问题,在许多过程中均存在 CO_2 的去除,例如天然气的升级、烟气处理和封闭空间中 CO_2 浓度的控制,特别是在天然气行业中,去除包含 CO_2 的酸性气体成分已是一个工业化规模的过程,因为 CO_2 的存在不仅会降低天然气的能级而且还会腐蚀管道。天然气由于其储存丰富和高能量强度而成为重要的能源,在 2015 年,全球天然气消耗量超过 3.5 万亿 m^3。从套管气、页岩气、沼气到煤层气,不同气体源中的 CO_2 分子均是通过氨洗涤除去,而相对应的再生过程均具有腐蚀性和能源密集性的缺点。相比之下,在环境温度下,基于物理吸附多孔材料去除 CO_2 是一种非常有前景的方法。作为新兴的多孔材料,HOFs 对 CO_2/CH_4 混合物表现出高捕获能力和选择性。

$HOF(C_{24}H_{18}N_6O_3) \cdot 0.15DMF \cdot 3H_2O(HOF-8)$ 是由三吡啶基配体 N1,N2,N2-三(吡啶-4-基)苯-1,3,5-三甲酰胺(TPBTC)组装而成,它整合了酰胺基和吡啶基作为氢键的供体和受体。含有 6 个氢键位点的每个三吡啶配体通过多分子间氢键(N-H…N,2.96~3.02 Å)与其他三个配体相连,形成 2D 蜂窝状层状

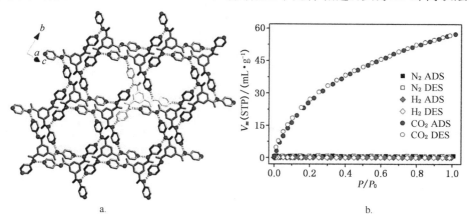

a.   b.

图 9-23　a. HOF-8 的晶体结构,呈现出 2D 超分子层结构;b. 在 298 K 下,
　　　　　 HOF-8 的 N_2、H_2、CO_2 的吸附等温线

结构(图 9-23),层状结构又进一步通过 π-π 相互作用堆积。此 HOF 的 1D 孔尺寸为(4.5×6.8)Å²,孔隙率为 24%。此 HOF 在水和某些有机溶剂(苯和己烷)中呈现了出色的稳定性。不同温度的 PXRD 和热重分析表明此 HOF 具有良好的热稳定性。部分氟代结构 HOF-8d 的活化使得此 HOF 呈现出永久的孔隙率并且对 CO_2 有选择性吸附。在 298 K,1 atm 下,HOF-8d 对 CO_2 的吸附量为 57.3 cm³/g,远高于对 N_2 和 H_2 的吸附量。此外,该 HOF 还呈现出在苯、甲苯、正己烷、环己烷、对二甲苯中特异性吸附苯。

使用金属络合物作为氢键单元来构造 HOFs 有望大大扩展此类多孔材料的多样性。如图 9-24 所示,基于离散的双核铜络合物,Nugent 等人报道了一个由溶剂扩散合成的强健的 HOF,在环境条件下对 CO_2 呈现出高的吸收能力和选择性。在此 HOF 中,每个桨轮铜络合物通过 N-H⋯N(2.99 Å)和 N-H⋯F(2.72~2.94 Å)

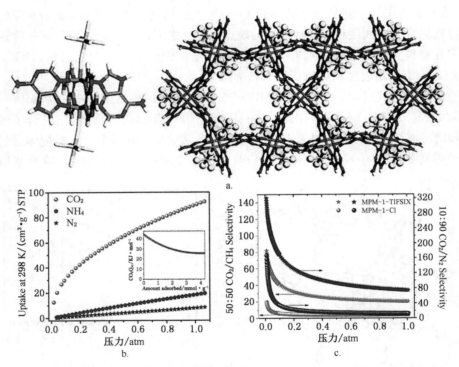

图 9-24　a. 桨轮配合物和网状结构图(沿着 MPM-1-TIFSIX 中晶体学[001]轴);b. 在 298 K 下,低压 CO_2、CH_4、N_2 吸附等温线和 CO_2 吸附热图(插图);c. 在 298 K 下,MPM-1-TIFSIX 预测的 50:50 CO_2/CH_4(绿色;左坐标轴)和 10:90 CO_2/N_2(蓝色;右坐标轴)二元混合物的 IAST 选择曲线

的氢键作用与八个相邻分子连接。此 HOF 包含直径为 7 Å 的沙漏型通道,空隙率为 49.4%,BET 比表面积为 840 m^2/g。在 298 K,1 atm 下,此 HOF 表现出对 CO_2 的吸收能力(89.6 cm^3/g)优于 CH_4(18.5 cm^3/g)和 N_2(8 cm^3/g),因为其在低负载下对 CO_2 具有高亲和力(44.4 kJ/mol)。除此之外,MPM-1-TFSIX 具有一定的热稳定性和水稳定性。

就构建新的 HOF 而言,多组分配体的方法是非常有前途的策略,基于已知配体的结合,无须进一步设计新的配体。Lu 等人报道了一种强健的二元 HOF(SOF-7),其通过带有吡啶基和羧基基团的配体结合,对 CO_2 呈现出高的吸附性和选择性(图 9-25)。在 SOF-7 中,$(C_{40}H_{20}N_{10})(C_{18}H_{20}N_2O_{10})$ · 7DMF 中的每个羧酸[5,5-双-(氮杂二基)-草酰二间苯二甲酸]与四个相邻的吡啶配体[1,4-双-[4-(3,5-二氰基-2,6-而吡啶基]吡啶基]苯]通过多个 O-H···N(2.6 Å)氢键相互作用,形成四重互传的 cds 拓扑的 3D 网状结构。去除客体溶剂后,SOF-7 的空隙率为 48%,1D 孔道的孔径为 13.5×14 Å,在孔表面具有氰基和酰胺基,可与客体分子结合。此 HOF 具有很好的热稳定性和化学稳定性。基于 195 K 下 CO_2 的吸附等温线,SOF-7a 的 BET 表面积为 900 m^2/g。在 298 K 和 1 bar 下,SOF-7a 对 CO_2 的吸附能力为 6.53 wt%(1.49 mmol/g),在 20 bar 下,进一步增加到 24.1 wt%(5.48 mmol/g),均优于相同条件下对 CH_4 的吸附能力,分别 0.35 wt%(0.22 mmol/g)和 2.74 wt%(1.71 mmol/g)。根据亨利定理常数,在 298 K 和 1 bar 下,CO_2 和 CH_4 的选择性为 9.1,计算出的 CO_2 吸附热为 21.6 J/mol。建模研究表明,孔表面的氰基和酰胺基可解释此选择性分离。

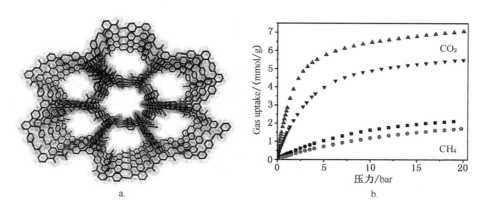

a. b.

图 9-25 a. 具有 1D 通道的 SOF-7 3D 多孔结构(沿着晶体学[001]轴);
b. 在 273 K 和 298 K,0~20 bar 压力下,CO_2 和 CH_4 的吸附等温线

上述示例表明，HOFs 可以像其他多孔介质一样作为有前景的 CO_2 吸附剂，重要的是，可以通过设计有机基团来控制 HOFs 材料的孔洞结构，从而促进此类材料作为吸附应用新型多孔材料的发展。

3）药物传递和生物医学

尽管 HOFs 仍处于早期发展，但研究者们已经进行了许多很有希望的应用尝试，这极大地凸显了 HOFs 作为新兴多孔材料的前景。目前，与其他多孔材料相比，HOFs 的优势尚未完全揭示。假定 HOFs 由有机分子以可逆结合方式组装而成，则进一步的应用可以利用该特征，此时最大的挑战在于 HOFs 的稳定性。考虑到 HOFs 本质上是无金属的多孔介质，它们较好的生物相容性和高孔隙率使其成为药物传递和生物医学应用的极佳候选者。最近，Liu 等报道了一种由 1，3，6，8-四（对苯甲酸）芘（H_4TBAPy）构成的稳定 HOF PFC-1，他们将其应用于光动力疗法治疗癌症，具有低的细胞毒性和良好的治疗效果（图 9-26）。由于有机配体 H_4TBAPy 具有大的 π-共轭体系的平面核心，可以实现额外的 π-π 相互作用，这有助于结构的稳定性，因此 Yin 等人选择它作为核心单元。在此 HOF 中，每个 H_4TBAPy 配体通过多个羧酸二聚体上带有的强氢键 O-H…O 与相邻六个配体相互作用，从而形成一个 2D 单向的四连接 sql 网络结构。每一个氢键层进一步通过

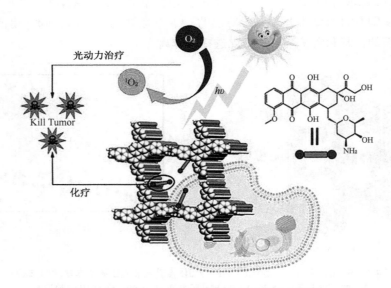

图 9-26　PFC-1 协同化学和光动力疗法示意图

强 π-π 堆积(3.34 Å),呈现出带有 1D 通道的开放网状结构[(18×23) Å²]。基于 77 K 下 N_2 吸附等温线,PFC-1 的 BET 比表面积为 2 122 m^2/g。此 HOF 具有强的多种分子间相互作用,在水、有机溶剂和酸溶液中浸入后仍呈现出卓越的化学稳定性,并在此苛刻的条件下可保持其多孔性。值得注意的是,此 HOF 可以通过酸浸法来恢复其热损伤。无金属性、固有的孔隙率和化学稳定性使 PFC-1 成为递送阿霉素的良好载体,有 26.5% 的负载能力,这有助于癌症的化学疗法。同时,作为光敏剂的芘被适当排列可为良好光动力疗法(PDT)的候选,因为它在光照条件下会产生单线态氧,可通过 9,10-二苯蒽进行化学捕捉来测量。Hela 细胞的体外 PDT 研究表明,阿霉素@Nano-PFC-1 具有协同化学和光动力作用,具有低细胞毒性、良好的生物相容性和较高的治疗功效。

HOFs 目前已被研究为挥发性药物容器,涉及一些吸入型麻醉药的储存和运输,如环戊烷、异氟烷和氟烷。2014 年,Chen 等人同事报道了一种作为捕捉氟化物麻醉剂的氟化三吡唑 HOF($C_{33}H_{12}F_{12}N_6$)吸附剂,前面提到这种吸附剂是用来吸附碳氟化合物和氯氟烃。吸附研究表明,该 HOF 在每摩尔吸附剂中吸收 2.14~2.67 mol 的麻醉剂分子,相当于 56.7 wt%~73.4 wt%。这种吸附和捕捉速度特别快并且在 3 分钟之内吸附饱和。后来,具有生物相容性和可生物降解性的多孔吸附剂被应用于医学上。Sozzani 和 Comotti 报道了几种用于生物医学应用的纳米多孔晶体态,涉及选择性吸附挥发性麻醉剂,如结晶二肽 L-丙氨酰基-L-异亮氨酸(AI),L-异亮氨酰-L-丙氨酸(IA),L-异亮氨酰-L-缬氨酸(IV),L-戊基-L-丙氨酸(VA)和 L-戊基-L-缬氨酸(VV),这些化合物具有 1D 疏水性孔道,并且孔表面暴露着脂肪族端基。在这些 HOFs 中,两亲性二肽通过 NH_3^+…^-OOC 二聚体相互连接,带有多个电荷辅助的强 N-H…O(2.70~3.00 Å)和弱 C-H…O(3.20~3.41 Å)相互作用,得到一个包含双螺旋二肽的蜂窝状的氢键网络。这些 HOFs 包含 1D 通道,面积为 3.5~5.2 Å²,受脂肪族基团调节。这些 HOFs 中的疏水孔洞结构有利于吸附挥发性麻醉剂即卤化醚和烷烃,从它们较高的吸附热可以看出。相关的蒸汽吸附等温线表明,这些 HOF 在 273 K 和 80~100 Torr 下每摩尔吸附剂可吸收 170~200 mmol 麻醉剂分子,相当于20 wt%,吸附热为35~50 kJ/mol。同样,将 ^1H,^{13}C 和 ^{19}F MAS NMR 结合建模研究用于检测吸附麻醉剂的排列。具有良好的生物降解性和生物相容性的多孔 HOFs 在生物医学应用中非常有前景。

综上所述,HOFs 的固有性质使这类多孔材料应用于气体储存和分离及生物医药等领域。除此之外,研究人员也尝试将 HOFs 应用到其他领域中,例如在废水中隔离放射性废物——碘同位素,通过不可逆的有机反应将 HOFs 修饰成 COFs,

从而产生可改善稳定性的新型多孔有机骨架。当然，HOFs 应用潜力远不止上述示例，还需要更多不同学科的交汇，涉及更多的实际应用。

9.3　钙钛矿晶体材料

在过去的十几年中，钙钛矿晶体材料由于在光、电、磁等领域中表现出优异的性质，一度成为新材料领域中研究的热点。钛酸钙（$CaTiO_3$）作为最早的钙钛矿材料，是在 1839 年由德国科学家 Gutav Rose 于乌拉尔山发现，后以地质学家 Lev Perovski 的名字命名。无机钙钛矿材料的结构通式通常表示为 ABX_3，在早期的钙钛矿定义当中，A，B 均为金属阳离子，其中 A 显一价，B 显二价，X 为非金属阳离子。在 1978 年，Weber 突破了钙钛矿无机材料的属性，合成了具有三维结构的 $[CH_3NH_3](Sn/Pb)X_3$，首次引入了有机-无机杂化钙钛矿，此后钙钛矿材料的研究被大大拓展开来。2009 年，在钙钛矿太阳能电池第一次被报道中，Miyasaka 等人使用了甲基铵三碘化铅（$CH_3NH_3PbI_3$ 或 $MAPbI_3$）作为一种光吸收材料，并通过在染料敏化太阳能电池中加入液体电解质，使得光转化效率达到3.8%。后来，Park 等人在 2012 年使用 2,2′,7,7′-四（N,N-二对甲氧基苯胺）-9,9′-螺双芴作为固态空穴传输材料（HTM）替代液体电解质，实现了光转化效率高达 9.7%。同一时间，Snaith 等人又将光转化效率超过 10%。这些突破使得钙钛矿材料作为一种新型材料充分被研究起来。在 2013 年，*Science* 杂志将钙钛矿太阳能电池列为 2013 年度世界十大科技进展之一，自此之后，新型钙钛矿材料的研究得到了更为迅速的发展。

9.3.1　钙钛矿晶体材料的结构

传统 ABX_3 型钙钛矿晶体结构中，金属阳离子 B 与非金属阴离子 X 构成八面体结构，BX_6^{2-} 组成的八面体结构通过角连接构成三维网状结构，而金属阳离子 A 填充在八面体的间隙当中，平衡负电荷。在有机-无机杂化钙钛矿中，通式中 A 通常表示为有机铵离子，B 表示金属阳离子，如 Pb^{2+}，Sn^{2+} 等，X 通常为卤素阴离子，如 Cl^-，Br^-，I^-。钙钛矿材料结构的形成主要取决于各离子半径的大小。1926 年，Goldschmidt 提出了影响公式 $t=(r_A+r_X)/2(r_A+r_B)$，其中 t 为容忍因子，r_A，r_B，r_X 分别对应相应离子的半径，当 $0.8 \leqslant t \leqslant 1.0$ 时，往往形成三维钙钛矿结构，且 t 越靠近 1，越容易形成三维结构。当 $t < 0.8$ 时，形成的结构就变得多样，在有机-无机杂化钙钛矿中，由于有机胺离子的多样性，更是衍生了多种复杂的结构。

1）三维钙钛矿晶体结构

三维钙钛矿的化学通式是 AMX_3，在无机钙钛矿材料中，A 通常为单价无机金属阳离子，比如 Cs^+，Rb^+，在有机-无机杂化钙钛矿中，A 通常为有机阳离子，常见的 A 包括 $[CH_3NH_3]^+$，$[NH_4]^+$，$[NH_2NH_3]^+$，$[NH_3OH]^+$ 等体积较小的一价有机铵盐离子；M 通常是金属阳离子，常见的有 Pb^{2+}，也可以是 Sn^{2+}，Eu^{2+}，Cu^{2+}，Ni^{2+} 等；X 是卤素阴离子，为 Cl^-，Br^- 或 I^-。在三维钙钛矿晶体结构中，M 阳离子通常占据立方体体心，A 阳离子通常占据立方体的顶点，而 X 阴离子则分布在立方体的面心。中心 M 阳离子（如 Pb^{2+}）和周围 6 个卤化物阴离子以 PbX_6 构型形成正八面体（图 9-27）。形成了理想的三维立方相钙钛矿结构角共享 PbX_6 八面体的连续阵列，然而，当 PbX_6 的八面体偏离理想的立方结构时，钙钛矿就会形成不对称的正交相。

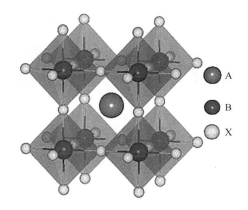

图 9-27　三维钙钛矿材料晶体结构

2）二维钙钛矿晶体结构

二维钙钛矿通常可以用通式 $(A')_m(A)_nB_{n-1}X_{3n+1}$ 来描述，A' 可以为正二价（$m=1$）或正一价（$m=2$）阳离子形成双层或单层从而连接无机 $(A)_nB_{n-1}X_{3n+1}$ 的二维层，其中 n 表示金属卤化物的层厚度，这可以通过调节前体组成来实现。通常情况下，有机阳离子 A' 的长度可以任意长，因此可以使用大的、高展向比的阳离子（例如基于脂肪族或芳香族的阳离子）。值得注意的是，二维八面体排列的几何结构通常包含一个 BX_4^{2-} 的无机单元，而来自附加阴离子的负电荷需要被正电荷平衡（例如 $A_2'BX_4$，当 $n=2$ 且 A' 是一价阳离子）（图 9-28）。其中，$n=1$ 代表纯 2D 钙钛矿结构,当 $1 < n < 5$ 时,通常被称为准 2D 结构。二维钙钛矿结构富有显著的量子限制效应,从而在光激发条件下,形成更多的自陷激子能级,显示出宽带的荧光发射。在二维结构当中,有机层类似于一个绝缘屏障,导致无机层中的电子-空穴库仑相互作用增强,量子限制效应更加明显,从而使这种多重量子阱钙钛矿结构经历快速的能量转移,在本质上避免激子猝灭,实现高效的辐射复合。所以相比于三维钙钛矿材料,二维层状钙钛矿材料具有更强的激子结合能(几百 mev)、更高的荧光量子产率(PLQY)以及更好的稳定性,这使它们成为 PeLED 中最有前景的发射体。

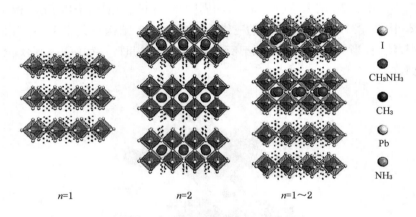

图 9-28　二维钙钛矿晶体结构

3) 一维钙钛矿晶体结构

当金属卤化物离子 BX_6^{2-} 八面体通过点、边或面相连成链状结构时,且与有机阳离子形成单晶,此时形成的就是一维钙钛矿结构,如图 9-29 所示。根据经验显示,当钙钛矿材料维度下降时,自陷激子能级更容易产生,所以荧光发射峰的宽度增加。2018 年,H. B 合成了一种新型的一维杂化钙钛矿材料 $(C_9H_{10}N_2)PbCl_4$,整体结构由两个无机和有机亚晶格叠加而成:沿着 b 轴的 $1D[PbCl_4]^{2-}$ 链被 $[C_9H_{10}N_2]^{2+}$ 有机阳离子分开。每个铅原子与六个氯原子结合形成共用边的 $PbCl_6$ 八面体,该材料显示出依赖激发波长的较宽光谱发射。一维结构钙钛矿是一种极具吸引力的白光发射材料,为光材料领域提供了新的研究方向。

4) 零维钙钛矿晶体结构

当 BX_6^{2-} 八面体被有机阳离子或无机一价阳离子完全隔开,形成的就是零维结

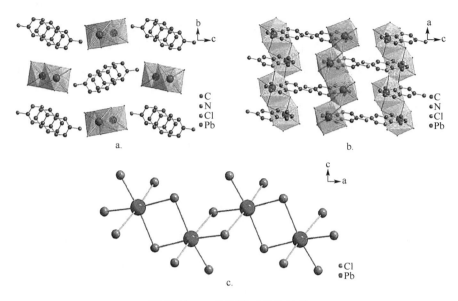

图 9-29 一维钙钛矿晶体结构

构的钙钛矿材料。晶体结构如图 9-30 所示，八面体有序排列但互不连接，且一般有机阳离子占据较大空间。由于八面体是独立存在的，电子和空穴都被限制在独立的八面体内，所以这种结构在受到外界刺激时会做出更加敏感的反应，比如在受到光、电、热、磁等刺激时，有机阳离子会发生扭曲或摆动响应外界刺激，从而使结

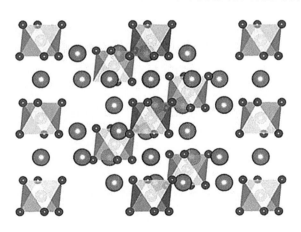

图 9-30 零维钙钛矿晶体结构

构产生相变,进而影响材料的各类性质。2020 年,Xu 等人报道了一种零维钙钛矿材料 Cs_4PbBr_6,该种零维钙钛矿微晶体的光致发光量子效率高达 45%。零维钙钛矿材料的辐射复合系数几乎比相应的三维钙钛矿高两个数量级。造成这种现象的原因是由于独立的量子阱效应和相对较大的激子结合能能够增强激子辐射复合效率。零维钙钛矿通常具有独特的光电性能,使得其有望成为新兴的光电子材料从而应用于各种光电器件的开发当中。

9.3.2 钙钛矿晶体材料的制备方法

1）降温析晶法

金属卤化物钙钛矿材料的单晶制备通常通过降温析晶法实现。首先,在一定温度下配制饱和溶液,然后对溶液进行程序降温处理,随着溶液温度的降低,目标产物的溶解度会减小从而析出晶体。该方法操作简单、成本低廉,被广泛用于金属卤化物的单晶制备。但是,要想通过该方法获得高质量单晶就必须控制好原料的投放比、降温速率,并且晶体的生长周期较长导致晶体的结晶速率缓慢。对于准二维结构钙钛矿,由于其结晶不易控制,并且对环境因素十分敏感,比如降温速率、析晶温度等,还与溶剂、原料的添加顺序和用量等关系密切,所以要想合成该类钙钛矿高质量的晶体结构,就必须严格控制其生长条件。

2）旋涂法

对于钙钛矿薄膜材料的制备通常采用旋涂法,其具体步骤包含三步:首先制备混合溶液,将原料(一般是有机配体盐和金属卤化物)溶解在溶剂(比如 DMF 溶液)当中,再根据目标化合物进行适当稀释;其次在基底上(一般为 Si/SiO_2)逐滴滴加混合溶液,然后高速旋转;最后在一定温度下进行干燥,随着溶剂的挥发,钙钛矿薄膜会自动生长。可以通过控制旋涂转速、时间、滴加液体的用量和改变溶液的浓度等多方面控制成薄膜质量。

3）共沉淀法

对于零维结构的钙钛矿纳米晶的制备通常使用共沉淀法来实现。当目标化合物中含有的两种或多种阳离子以分离相存在于前驱体溶液当中,此时就可以通过向前驱体溶液当中滴加反溶剂或沉淀剂从而得到单一成分的产物。该种方法由于制备工艺简单、成本低廉、合成条件易于控制、合成周期短,已经被广泛用于钙钛矿微晶材料或多晶材料的制备当中。

9.3.3　钙钛矿晶体材料的光吸收与发射

在钙钛矿材料的诸多性能之中,光学特性是最引人关注的,宽的荧光发射带,高的荧光量子产率,发光波长可控、色域宽,以及很好的稳定性等优良的光电特性使得二维有机-无机杂化钙钛矿材料成为光致发光以及电致发光领域的新兴材料。所以,从该类材料结构的本质上认识材料的光吸收与发射,从而有针对性地对光学性质进行调控就显得非常有必要。

1) 钙钛矿材料的光吸收

钙钛矿之所以能广泛应用于太阳能电池的吸收层,得益于该类材料极强的光吸收能力。按照 Schockely - Queisser 极限曲线计算,可以得出太阳能电池的吸收层材料具有最合适的带隙为 1.4 eV。通过前人研究的实验证明,钙钛矿作为一类直接带隙半导体材料(比如 $CH_3NH_3PbI_3$ 的带隙为 1.5 eV),对于紫外可见光的范围具有长波段的吸收能力。根据第一性原理可以计算出钙钛矿材料吸收光的能力。决定半导体材料光吸收能力的主要因素有两个:第一,导带和价带之间的跃迁矩阵;第二,导带和价带之间的联合态密度。前者可以体现光电转换过程中的单个可能性,但是后者体现的是光电转换整个过程中的总可能性。综上所述,材料吸收光的能力与其电子结构密切相关。以 $MAPbI_3$ 为例,它是一种带隙约为 1.59 eV 的直接带隙半导体。从 DOS 图可以看出,Pb 的 s 轨道与 I 的 p 轨道的反键轨道组成了该材料的价带顶,导带底是由 Pb 的 p 轨道贡献,其中有机阳离子 MA^+ 没有对价带顶或是导带底产生任何贡献,所以可以认为 $MAPbI_3$ 有着离子和共价双重电子结构(如图 9-31 所示)。在其作为太阳能电池吸收层时,电子由 I 的 p 轨道跃

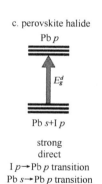

c. perovskite halide

Pb p

E_g^d

Pb s+I p

strong
direct
I $p \rightarrow$ Pb p transition
Pb $s \rightarrow$ Pb p transition

图 9-31　钙钛矿太阳能电池光吸收原理图

迁至 Pb 的 p 轨道,还有 Pb 的 s 轨道跃迁至 Pb 的 p 轨道。钙钛矿材料作为直接带隙材料,光的吸收层厚度大大降低,此外光吸收的能力得到提高。由上可以看出,电子结构特性造成的强的光吸收能力决定了能够实现尺寸更薄的、更经济的、更高效的太阳能电池。

2）钙钛矿材料光发射原理

如图 9-32 所示,钙钛矿材料在受到光激发以后,由于吸收了光子,产生了电子-空穴对(激子),在热化之后会变成高度去离子化的瓦尼埃激子(电子与空穴之间束缚比较弱的激子)。而这其中的小部分激子会自发发生分离从而形成自由载流子。在整个过程当中,自由载流子和激子会在整个寿命长度中共存,并且各自的数量一直处于动态变化之中。但是在 $CH_3NH_3PbX_3$ 型的钙钛矿结构中,若因为单激子猝灭从而产生的一个电子和一个空穴之间的复合或者是激子成对复合都是无意义的。同样的,在 $CH_3NH_3PbX_3$ 型的钙钛矿结构中,还有一种单分子过程也就是陷阱辅助复合也会被抑制。在 $CH_3NH_3PbX_3$ 型钙钛矿中,俄歇复合是非常明显的。在半导体中,电子与空穴复合时,把能量或者动量,通过碰撞转移给另一个电子或者另一个空穴,造成该电子或者空穴跃迁的复合过程叫俄歇复合。俄歇复合是一种非辐射复合,是"碰撞电离"的逆过程。在短波长的光激发时,可能会出现放大的自发辐射(ASE)过程,自发辐射是指在没有任何外界作用下,激发态原子自发地从高能级(激发态)向低能级(基态)跃迁,同时辐射出一个光子的过程,这一过程在 $CH_3NH_3PbX_3$ 型结构钙钛矿的俄歇复合过程中非常明显。在单纯组分的钙钛

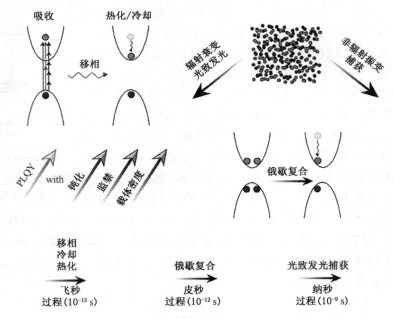

图 9-32　钙钛矿在光激发后的光物理行为示意图

矿材料中,也就是没有其他电子抽取层和 HTM 的条件下,光激子(载流子和自由电荷)都会经历辐射以及非辐射过程。需要关注的是,在低的光激发强度(比如太阳光)下,自发辐射或者俄歇复合都会受到一定程度上的抑制。在太阳光下,非辐射过程的衰弱甚至是失活(比如成对复合、俄歇复合、陷阱辅助复合),使得钙钛矿成为性能良好的光伏材料。

根据前人研究发现,不同维度的钙钛矿材料的发光特点有所不同,对于金属卤化物钙钛矿,二维、三维以及准二维钙钛矿的发射光通常呈现窄的半峰宽、比较小的斯托克斯位移以及非常短的荧光寿命,这是因为这种发光本质是源自激子的复合,也就是在受到光激发以后产生的电子与空穴重新结合所产生的辐射。尤其是准二维卤化物钙钛矿材料,由于其晶格的扭曲会产生很多不同的相,而这会造成通道能量将转移至不均匀的能量景观上,从而使光激子会集中在相对而言比较低的带隙间发射。不同于通常由于自由激子而具有窄带发射的准二维钙钛矿和三维钙钛矿,一维钙钛矿和二维钙钛矿会出现很大的斯托克斯位移以及宽带发射,这往往归因于自陷态激子。而自陷态激子发射在零维结构的钙钛矿中体现得最为明显。对于常见的二维钙钛矿,往往是宽带发射,而宽带发射形成机制通常有三种,分别为缺陷发光、自陷态激子发光、掺杂离子发光。

(1)缺陷发光:由于钙钛矿结构往往是从溶液中制备而得,过快的生长速度以及很大的表面积都会造成晶体结构上的缺陷(图 9-33),而这些缺陷就会产生相应的缺陷能级,当缺陷能级处于钙钛矿的带隙之间时,激子就有可能弛豫到这些能级上进行复合,释放光子,这就形成缺陷发光。但是激子往往弛豫到缺陷能级时,会以非辐射的方式进行复合,造成带边发射的猝灭从而降低钙钛矿结构的发光性能。所以为了提高钙钛矿材料的稳定性以及发光性能,通常会采用一些配体修饰、掺杂金属离子等方法来钝化缺陷。

(2)自陷态激子发光:在一些结构特殊的钙钛矿材料中,电子在受到光刺激之后跃迁至激发态缺陷,而形成的激子就会被束缚在这种激发态缺陷当中,这样的电子陷阱又会俘获其他载流子形成带电中心,进一步通过库仑作用力吸引其他带有相反电荷的载流子,形成定域激子,则该类型的激子发生复合之后就会表现为宽带发射(图 9-34 显示了其中一种能够发生自陷激子发射的晶体构型及其能带结构),但自陷态激子发光效率一般较低。

(3)掺杂离子发光:掺杂离子发光就是在钙钛矿晶格当中引入过渡金属离子实现掺杂。通常掺杂离子进入晶格以后会导致新电子能级的出现,在受到光刺激以后,固有基质中的电子在跃迁至激发态后,不会和原本留下的空穴复合,而是会转移到引入的掺杂离子形成的能级上,产生了新的复合中心辐射出光子。由于掺杂的离子发光中心不同,形成的能级不同,故复合中心所处的能级也不同,辐射出的光子能量也不相同,这就在一定程度上对钙钛矿的光学性质进行了调控(图9-35实现了不同掺杂对荧光发射的影响)。

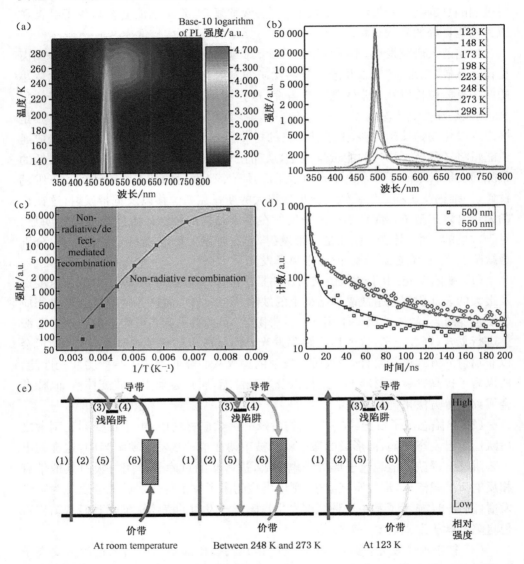

图 9-33　a.（BDA）PbI₄晶体温度依赖性 PL 图。b.（BDA）PbI₄中窄带和宽带发射随温度的演化。c. 500 nm 发射峰时的活化能拟合结果。d. 405 nm 脉冲激光在室温下激发 500 nm 和 550 nm 发光的 PL 动态趋势和拟合曲线。e.（BDA）PbI₄单晶在不同温度下的载流子生成和重组过程示意图

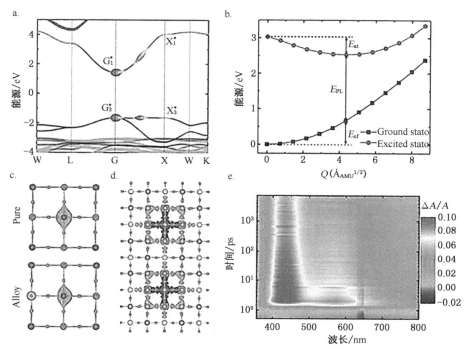

图 9-34 **a.** 钙钛矿 **Cs₂AgInCl₆** 的能带结构。绿色、蓝色、青色和红色分别表示 **Cl 3p、Ag 4d、In 5s** 和 **Ag 5s** 轨道。**b.** STE 形成的配置坐标图。**c.** 钠合金化后电子波函数的宇称变化。**d.** 显示 STE 被周围的 NaCl₆ 八面体加强限制的构型。**e.** Cs₂ Ag₀.₆₀ Na₀.₄₀ InCl₆ 的瞬态吸收光谱。

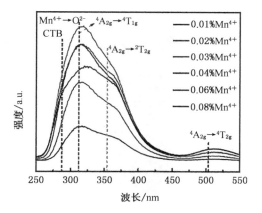

图 9-35 不同掺杂后的钙钛矿材料荧光光谱图

9.3.4 钙钛矿晶体材料的应用

1）太阳能电池

随着能源的日益消耗,对新能源材料(比如太阳能电池等)环境友好型能源的需求日益强烈。利用光吸收材料的适当性能,如大吸收系数、长电荷扩散长度和高载流子迁移率,钙钛矿基太阳能电池(PSCs)在 10 年内取得了显著的进展,达到了单结 25.5% 的认证效率和钙钛矿/硅多结太阳能电池 29.1% 的认证效率。由于 PSCs 表现出了卓越的性能和具有成本效益的解决方案加工能力,太阳能电池技术正进入第四代。牛津光伏公司(Oxford PV)开发了效率为 29.52% 的钙钛矿砷化镓太阳能电池,该电池也获得了美国国家可再生能源实验室(NREL)的认证。PSCs 的结构可分为介孔 n-i-p 结构、平面 n-i-p(常规)结构和平面 p-i-n(倒置)结构。这些结构旨在改善电荷提取和传输特性,其中钙钛矿吸收层被夹在电子传输层(ETL)和空穴传输层(HTL)之间。现有的太阳能电池的工作原理一般是:从光源吸收能量、电子空穴分离、电荷聚集以及电子空穴复合。虽然目前的相关研究还没有对 PSC 工作原理做出确切的解释,最简单可靠的解释是 Park 等人提出的,具有足够能量的光子被发射到 PSC 表面,其能量被吸收器吸收。由于电极所施加电场的不同,会产生电子空穴对,电子和空穴会被吸引,电子的运动就会产生电流(图 9-36)。由于钙钛矿材料具有传输电子和空穴的独特优势,在未来可能有望被设计成无须电子传输层和空穴传输层的太阳能电池,这也为太阳能电池更深入的发展提供了研究基础。

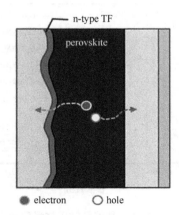

图 9-36　太阳能电池的工作机理示意图

2）发光二极管

金属卤化物钙钛矿近年作为发光材料出现以后，被广泛用于 LED 和显示器的组件（简称为 PeLED）。一个典型的 PeLED 由阳极、p 型空穴传输层（HTL）、钙钛矿发射层、n 型电子传输层（ETL）和阴极组成，如图 9-37a 所示。为了限制注入的载流子，实现更强的光发射，钙钛矿发射器被夹在 HTL 和 ETL 之间，形成双异质结结构。在施加的电压下，空穴和电子从阳极和阴极注入，并通过 HTL 和 ETL 进入钙钛矿层，在此处它们形成激子并随后发射光子。钙钛矿薄膜或者胶体纳米晶基 LED，有两种可能的复合过程，包括直接电荷注入（图 15-5a）和电荷转移后的 Förster 共振能量转移（FRET），如图 9-37b 所示。后一个过程不受钙钛矿发射器限制的空穴（或电子）可以转移到 ETL（或 HTL），然后形成激子。激子能量通过偶极-偶极耦合非辐射传递到钙钛矿层，在钙钛矿中产生激子，然后再进行复合和光子发射。这两个过程也可以同时发生而互不影响。PeLED 相比于其他的材料的发光二极管，具有明显的优势。首先，由于金属卤化物钙钛矿是直接带隙半导体材料，从而具有非常高的光致发光量子产率（PLQY），高达 100%；其次它们有窄而对称的发光峰，甚至比传统的量子点的性能更加优异，并且可以通过组成成分的改变实现整个可见光波长范围内的调整，因此相关的宽色域（140%）比国家电视系统委员会（NTSC）在 CIE 色度图上的标准更宽。钙钛矿薄膜具有高载流子迁移率和大的激子扩散长度来平衡电子和空穴传输。以上提到的钙钛矿优异特性都使得钙钛矿发光二极管得到了迅速发展。

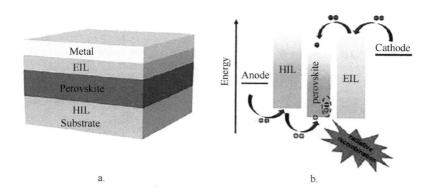

图 9-37 PeLED 的两种工作机制示意图
a. 直接电荷注入和复合，b. 通过 Förster 共振能量转移进行电荷转移和复合

3）激光器

激光器主要由光学谐振腔、泵浦源、增益介质三部分组成。激光增益介质是指能将光功率放大的介质（通常以光束的形式），增益指的是光功率被放大的程度，激光增益介质要补偿谐振腔的损耗，也通常被称为激光活性介质。增益介质一方面承担着增加放大光束能量的责任；另一方面其自身也需要吸收能量，这就需要通过泵浦过程来实现，通常是设计输入光波（光泵浦）或者到电流（电泵浦），而且要求泵浦的波长比信号光的波长小，光学谐振腔则是使受激辐射的光束在腔中不断增益，最终产生强烈的激光。有机-无机杂化钙钛矿材料相比于传统低维纳米材料具有长的载流子扩散长度、大的激子结合能以及优异的量子产率等性能，所以，当其被作为增益介质时，得到的激光往往强度更高、性质更稳定，且更容易调控。现有的钙钛矿材料激光器通常有两种类型，一种是多晶薄膜型，另一种是低维单晶型。图9-38 为有机-无机杂化钙钛矿制备的单模激光器。G. Xing 课题组报道了多晶钙钛矿薄膜在不同泵浦光强度下的光致发光特性，实验结果发现随着泵浦光强度的增加，成功实现由自发辐射转变到放大自发辐射，这一实验结果首次证明有机-无

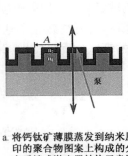

a. 将钙钛矿薄膜蒸发到纳米压印的聚合物图案上构成的分布反馈式激光器结构示意图

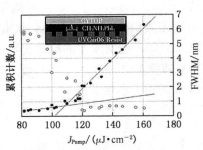

b. 含有聚合物封装的钙钛矿分布反馈式激光器光致发光强度与半高宽随泵浦强度的关系

c. 钙钛矿光子晶体激光器结构示意图

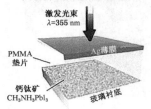

d. 利用PMMA层与Ag薄膜封装的钙钛矿激光器结构示意图

图9-38　由二维钙钛矿结构制成的单模激光器

机杂化钙钛矿材料可以作为增益介质实现激光。相比于多晶薄膜型钙钛矿材料，低维单晶钙钛矿材料有自身生长的形状和光滑界面，从而能够形成好的光学谐振腔，进一步通过激发共振效应对入射光进行高效管理。

9.4　原子薄二维晶体材料

纳米材料是指在特定的一维(1D)，二维(2D)或三维(3D)方向上达到纳米级的材料。当常规材料达到纳米级时，其性能与常规形式的性能会有很大不同。2D 纳米材料是一大类材料的总称，其特征是一种由单层或几层物质构成的薄层片状结构材料，其横向尺寸大于 100 nm 甚至到几十微米，但其片层厚度仅有单个原子层的大小（低于 5 nm）。最典型且最先通过实验证明的 2D 纳米材料是石墨烯。2004 年，K. S. Novoselov 等人报道，石墨烯是通过机械剥离从高度取向的热解石墨中获得的，并证明了其独特的理化特性。随后，以石墨烯为代表的二维纳米材料迅速发展，并开发出了许多其他的二维纳米材料，其中包括黑磷（BP）、层状双金属氢氧化物（LDHs）、过渡金属碳氮化物（MXenes）、过渡金属二卤化物（TMDs）、金属有机骨架（MOFs）、六方氮化硼（h-BN）等（图 9-39）。与其他类型的纳米材料相比，二维纳米材料由于其高的纵横比、量子尺寸效应以及平坦的表面构象而具有独特的

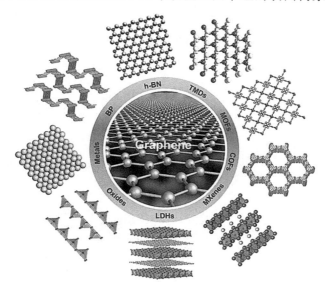

图 9-39　一些典型的超薄二维纳米材料

性能。具体体现在以下五个方面：①反应电子可以被限制在二维结构中，特别是在单层纳米片上，这能够实现电子的极强传输而没有层间相互作用，增强了材料的电子特性；②超薄的原子厚度和强大的面内化学键赋予它们较高的机械强度、柔韧性和光学透明性，这对于材料的后期应用至关重要；③同时拥有较大的水平尺寸和原子级厚度为它们提供了超高的比表面积，这有助于它们在催化、超级电容器和可充电电池等领域的研究应用；④大部分表面原子允许通过更活泼的活性位点构建、功能化/修饰等来简化表面工程，以增强材料的固有特性；⑤超薄的二维几何结构提供了一个简单而理想的模型来调制电子状态，并建立了清晰的结构与属性之间的关系，故展现出与纳米粒子和块状纳米材料不同的物理、化学、光学、电子特性，这些优异的性质也使得二维纳米材料在催化、生物医学、传感器、电子设备、能量存储和转换等各种领域有着广阔的应用前景。

9.4.1　原子薄二维晶体材料的制备

由于二维纳米材料具有优异的性质和巨大的应用前景，其制备方法也在不断丰富完善。迄今为止，已经开发出许多方法来制备不同类型的二维纳米材料，包括物理剥离法、液相剥离法、自组装等方法。通常这些制备方法可分为自上而下和自下而上的方法。自上而下法是由块状晶体中剥离出二维晶体层，因此只有母体为层层堆叠的晶体才可用于这一方法。而自下而上法则是在一定条件下直接合成二维纳米材料。两种合成方法的对比见图 9-40。

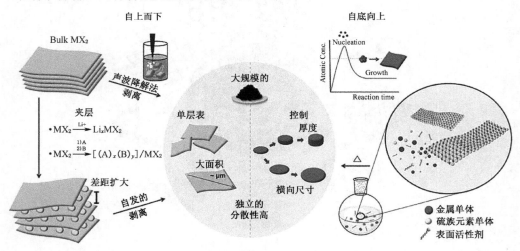

图 9-40　基于溶液的自上而下和自下而上方法制备 2D 层状过渡金属硫化物（TMC）纳米片

1）自上而下法

（1）物理剥离法

物理剥离法是指通过物理手段将多层块状晶体剥离为单层晶体的方法。

2004 年，Novoselov 课题组使用著名的透明胶带法从石墨中剥离出单层石墨烯。后来这种方法也成功的扩展应用到其他种类二维纳米材料的制备，包括 h-BN，MoS_2 等。2010 年，Amo-Ochoa 等人率先报道了剥离 MOF 的二维纳米材料的方案，他们先通过水热法合成 $[Cu_2Br(IN)_2]_n$ 的块状晶体（IN＝异烟酸）。由图 9-41 可知 $[Cu_2Br(IN)_2]_n$ 的二维层沿 a 轴方向层层堆叠，层与层之间为芳环间的 π-π 堆叠作用力。为制备 $[Cu_2Br(IN)_2]_n$ 纳米片，他们使用探针对块状晶体进行超声处理破坏层间 π-π 堆积作用力。原子力显微镜（AFM）成像显示所得的二维纳米片厚度非常均匀，并且与 $[Cu_2Br(IN)_2]_n$ 单原子层的厚度理论值非常吻合。

目前物理剥离法被认为是制备具有良好结晶度和高纯度的二维纳米材料的典型方法。但由于生产规模小且产量相对较低，因此该方法只能用于基本性质研究，而不能量产。

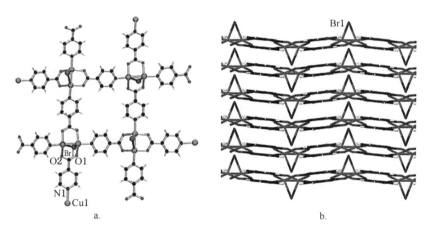

图 9-41　单层 $[Cu_2Br(IN)_2]_n$ 纳米片的结构（a）及各层沿 a 轴方向的堆叠（b）

（2）物理辅助液相剥离法

物理辅助液相剥离法是由物理剥离法衍生而来，这一方法也是由块状前体制备出二维纳米材料，主要步骤包含两步。第一步是插层，通过使用溶剂来减弱层间粘附力增加层间距。在这一步中，由于不同的材料层间表面能不同，须选择与材料的表面能相匹配的溶剂才可将其成功剥离成二维纳米材料。第二步是超声处理，它可以破坏相邻层之间的弱范德华作用力,从而将层与层分离形成二维纳米片(图 10-42)。相比物理剥离法,液相剥离法具有更高的产率,且操作简便,目前已经有大量的研究使用液相剥离法来制备纳米片。科尔曼等使用液相剥离法制备了大量的二维纳米材料,包括 $MoTe_2$,MoS_2,WS_2,WSe_2,BN,$MoSe_2$,Sb_2Se_3,NbC_2,$TaSe_2$,Ti_2C 和 MnO_2 纳米材料。物理辅助液相剥离法也适用于制备 MOFs 的二维纳米材料,溶剂插层后的超声处理可以破坏 MOFs 的层间相互作用,从而将分层的块状 MOFs 分解为单层或几层的 MOFs 纳米片。2011 年,Xu Qiang 团队报道了用物理辅助液相剥离法剥离 $\{Zn_2(TPA)_4(H_2O)_2 \cdot 2DMF\}_n$(TPA=对苯二甲酸)的方法,所得二维 MOFs 纳米片的厚度为 $1.5\sim6.0$ nm,横向尺寸从 100 nm 到 $1\ \mu m$ 不等,作者还研究了不同溶剂对该 MOFs 剥离的影响,发现丙酮为剥离该 MOFs 的最佳溶剂。其他溶剂如甲醇、乙醇、异丙醇和 N, N-二甲基甲酰胺(DMF),也都用于剥离 MOF 的二维纳米片。尽管目前尚不清楚溶剂在剥离 MOFs 时的确切作用,但我们可将其类比于石墨的剥离过程,只有表面能合适的溶剂才能剥落石墨,从而产生石墨烯。理论计算已证明,当溶剂的表面能接近石墨烯的表面能时,由于石墨烯重新聚集的驱动力较低,故剥离所得的石墨烯可以有效地分散在溶剂中。因此对于不同种类的 MOFs 首先要筛选出合适的溶剂才能成功剥离出二维纳米片。

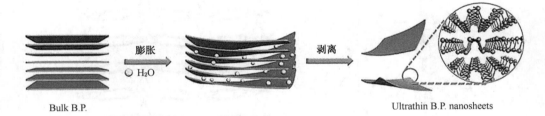

图 9-42　物理辅助液相剥离法剥离黑磷为超薄纳米片示意图

　　尽管液相剥离法操作简便且产率更高,但目前并无通用的溶剂体系来剥离各种二维纳米材料,且在液相溶剂中剥离出的二维纳米片的浓度最大也只能达到 1 mg/mL,若应用于工业生产则需要大量的反应溶剂,因此这一方法也不适用于大规模的工业生产。

2) 自下而上法

　　对于一些本体非层状结构的材料,由于材料中的化学键具有各向同性,因此很难通过破坏某一角度或某一平面的化学键来制备二维纳米片,即自上而下的方法不适用于这类材料。与自上而下的剥离方法不同,自下而上的方法是通过限制物质在特定方向上的生长来直接合成二维纳米材料,目前自下而上法主要包括自组装法、界面合成法及三液层合成法三种。

① 自组装法

在自下而上法中,自组装法是最常用的制备二维纳米材料的方法。其制备过程是先通过水热反应生成纳米晶体,然后利用纳米晶体间的弱相互作用(如氢键作用力、范德华力、静电相互作用力等)进行自我组装,再经过一些后处理最终制备出二维纳米材料。自组装过程一般是通过添加表面活性剂来限制纳米晶的生长方向促使其在二维平面上延伸生长。2015 年,新加坡南洋理工大学张华教授课题组首次采用表面活性剂辅助的自组装法合成了一系列厚度小于 10 nm 的超薄二维 MOFs 纳米片 M-TCPP[M=Zn、Co、Cu 或 Co,TCPP=四(4-羧基苯基)卟啉]。一方面,表面活性剂分子能够附着在晶体层表面导致纳米晶体各向异性生长;另一方面,表面活性剂也有助于分散二维纳米片防止其重新堆叠。图 9-43 为二维 MOFs 纳米材料的传统合成方法与表面活性剂辅助自组装法的比较示意图(相邻 MOF 层以蓝色和紫色区分,以使分层结构清晰)。使用传统方法合成二维 MOFs 纳米材料时(上),由于晶体各向同性生长导致最终生成为块状晶体。使用表面活性剂辅助自组装法时(下),表面活性剂会选择性附着在二维 MOFs 表面导致其各向异性生长,从而形成二维纳米片。总的来说,自组装法操作步骤简便,易于批量制备二维纳米材料,但也因为反应过程深受表面活性剂(浓度、种类等)影响,故需要严格控制反应条件来保证形貌的均一稳定性。另外,这些表面活性剂还可能会因为结合在纳米片的表面上而阻断活性位点,最终影响纳米片的反应活性。

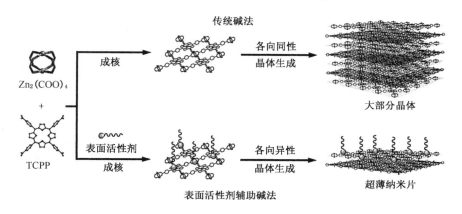

图 9-43 MOF 的传统合成法和表面活性剂辅助合成法

② 界面合成法

界面合成法是指分别扩散在不同相中的反应物向界面扩散而在两相界面处发生反应的方法,使用界面合成法来制备二维纳米材料是利用两相间的界面(如液-液或液-气界面)来限制纳米片的生长。目前这一方法已广泛用于制备 MOF 纳米材料,如 NAFS-1 和 NAFS-2MOF 纳米膜以及双(二硫代镍)镍配合物纳米片。在这一方法中,反应发生在溶剂界面从而能很好控制 MOF 的成核和生长,特别是液-气界面,由于单层有机配体均匀分散在液体表面从而能够有效控制 MOF 纳米片的厚度。2013 年,Kambe 及其同事通过界面合成法合成了双(二硫代镍)镍配合物纳米片,他们将含有苯六硫醇(BHT)的乙酸乙酯溶液涂在含有乙酸镍(Ⅱ)和溴化钠的水溶液表面,待乙酸乙酯蒸发后,在液-气界面获得了 nano-1 纳米片,然后将其转移到高定向热解石墨(HOPG)上,原子力显微镜表明该纳米片厚度为 0.6 nm(图 9-44)。然而界面合成法也具有局限性,由于二维 MOF 纳米片的产量极大地依赖于界面面积,故这一方法不能应用于大规模合成 MOF 纳米片中。

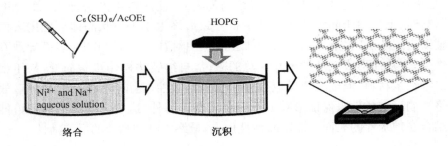

图 9-44 双(二硫代镍)镍配合物纳米片的制备过程

③ 三液层合成法

三液层合成法是使用三个液体层作为合成介质来制备二维纳米片的方法,与界面合成法不同,三液层合成法中所用溶剂可以混溶因此不存在相间界面。2015 年,Rodenas 等采用三液层合成法制备了 1,4-苯二甲酸铜(CuBDC)纳米片。合成方法如图 9-45 所示,合成介质由 N,N-二甲基甲酰胺(DMF)及其与乙腈的混合物三个液体层组成,从顶层到底层 DMF 浓度增加,乙腈浓度减小,在图上标记为 ⅰ,ⅱ 和 ⅲ 的层分别对应苯 1,4-二羧酸(BDC)溶液、中间层和 Cu^{2+} 溶液,ⅲ 层的硝酸铜与 ⅰ 层的 1,4-苯二甲酸被含有等量 DMF 和乙腈的中间层隔开,这三个液体层根据它们的密度垂直排列。在静态条件下 Cu^{2+} 和 BDC 配体缓慢扩散到高度稀释的中间层并产生 MOF 纳米片,并且生成的 MOF 纳米片会通过沉降离开中间层,避免纳米片的过度生长,而其他游离的 Cu^{2+} 和 BDC 配体继续源源不断地扩散到中间层产生新的 CuBDC 纳米片,从而使 MOF 纳米片的产率更高,反应最终收集的纳米片厚度为 $5\sim25$ nm。除了制备 CuBDC 纳米片,这一方法还合成了许多其他二维 MOF 纳米片,例如 ZnBDC,CoBDC,Cu(1,4-NDC) 和 Cu(2,6-NDC)(NDC=萘二甲酸酯)。

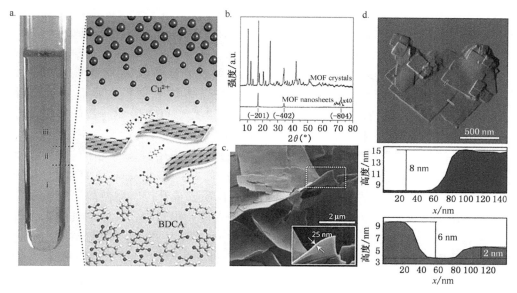

图 9-45　CuBDC MOFs 纳米片合成过程中不同液体层的分布
a. 块状和纳米片状 CuBDC 的 X 射线衍射图;**b.** CuBDC MOFs 纳米片的扫描电子显微图;**c.** 原子力显微图;**d.** 红色和蓝色线对应图片下方红色和蓝色的高度测量图

　　虽然三液层合成法纳米片产率较界面合成法更高,但所制备的 MOFs 纳米片还存在一些缺点,例如剥离的 MOFs 纳米片会发生聚集或重新堆叠、制备的纳米片的均一度不高。因此,要直接合成分散良好的二维 MOFs 纳米片仍然是一个巨大的挑战。

　　总的来说,目前已经有多种方法可以制备二维 MOFs 的单层或多层二维纳米片,例如超声剥落、液体剥落、三层合成、逐层生长,以及表面活性剂辅助自组装法。这些方法都各有优缺点,并且都不适用于工业制备,因此未来仍需不断探索新的二维纳米片制备方法。

9.4.2　原子薄二维晶体材料的应用

二维纳米材料的特性使其具有许多理想的实际应用,比如在生物医学领域。由于二维原子层状纳米材料的比表面积是所有类型材料中最高的,因此可通过共价或非共价相互作用在二维纳米材料的表面上装载各种功能分子,包括化疗药物、荧光探针和生物大分子。此外,一些功能性纳米粒子(NP)如 AuNPs、Fe_3O_4 NPs 和一些无机量子点也可以吸附到二维纳米材料的表面,并赋予它各种成像和诊断应用的特性,例如电化学特性、磁功能和放射性。还可以将二维纳米材料工程化为纳米探针用于肿瘤的多峰成像。二维纳米材料独特的光学和/或 X 射线衰减特性也可用于癌症的光疗或放射疗法,许多种类的二维纳米材料常具有对近红外(NIR)光的强吸收的特性,这使其成为癌症的光热疗法(PTT)的有效候选物。基于以上特殊的性能,二维纳米材料显示出在癌症治疗上的巨大潜力。

二维纳米材料在电转换化学传感中也具有广阔的应用前景。化学传感器和生物传感器已成为现代社会不可或缺的一部分,在化工生产、食品药品、环境监测、安全保障、医疗保健等领域中都得到广泛应用。目前要提升传感器性能关键是要开发能够将物理和化学刺激转换为电子信号的高质量导电材料。由于二维纳米材料具有大的表面体积比、优越的表面化学性能和出色的电性能,这使其能够应用于化学物质的检测和转换。与它们的零维、一维、三维类似物相比,二维纳米材料大的表面体积比确保了材料与分析物的相互作用,即使在很低的浓度下也能够实现高灵敏度分析物。例如,五个原子层厚度的 SnO_2 片(0.66 nm)的低配位数的高反应性 Sn 和 O 原子的占有率高达 40%。一些二维纳米材料的表面还可以固定识别成分(例如金属纳米粒子、金属氧化物和酶),从而实现与目标物有效的相互作用。例如,磷烯表面上的每个 P 原子都有可能作为吸附气体分析物的活性位点。理论研究表明,磷烯的化学掺杂可以调节带隙,并增强磷与分析物相互作用的强度和选择性。二维纳米材料还具有多样的电性能,已报道的二维纳米材料的化学结构具有混合元素结构,如 h-BN,2D-MOFs 和 MoS_2,以及纯元素,如黑磷和石墨烯,丰富而广泛的二维纳米材料使它们的电导率涵盖了金属、半金属、绝缘体和具有从紫外到红外以及在整个可见光谱范围内的直接和间接带隙的半导体(图 9-46)。此外,还可通过精细调整材料结构和组分来改善二维纳米材料的电特性从而实现有效的信号转导。

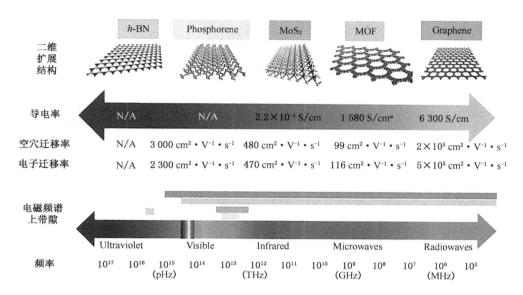

图 9-46　二维纳米材料涵盖了广泛的化学结构，电导率，载流子迁移率和带隙（**N/A**：不存在有关该值的已知报告）

　　除了上述的应用，二维纳米材料在电子/光电子器件、催化反应、能量存储和转换方面也均有应用。表 9-1 为总结的一些二维纳米材料的应用。

表 9-1　二维纳米材料的应用

应用领域	应用	主要材料
能源存储	二次电池	锂离子、钠离子电池
	超级电容器	石墨烯、TMDs
能源转换	光催化、电催化	MoS_2、LDH
	太阳能电池	石墨烯、TMDs
	热电材料	MoS_2
器件	传感器	石墨烯、TMDs
	电子/光电子器件	TMDs、黑磷、h-BN
医学	药物	MOF、TMDs

9.4.3 原子薄二维 MOFs 材料的应用

作为 2D 家族的新成员,二维金属有机框架(MOFs)纳米材料由于超大的比表面积、丰富的活性位点、可调的结构和功能以及有序的多孔结构,在气体吸附与分离、生物医学、催化传感、能量存储和转化等领域具有广阔的应用前景。Zhao 及其同事通过温和的冻融剥离法从其镍基 MAMS-1 MOF 制备了约 4 nm 厚的纳米片,然后将纳米片沉积到阳极氧化铝基底上制成厚度为 4~40 nm 的薄膜。他们发现所制得的 2D MOF 薄膜显示出可热切换的 H_2 渗透和优异的 H_2/CO_2 分离性能。利用二维 MOF 材料的孔径和功能性,设计用于承载特定的化学相互作用,并施加特定的限制条件,非常适合选择性气体、液体以及对映体的分离。Liang 研究团队报道了使用 ZIF-8 膜作为生物活性涂层的外壳,在保护细胞免受有毒化合物侵害的同时可让重要的生物活性分子(例如乳糖)扩散,并且细胞在去除 MOF 后能够恢复正常生长(图 9-47)。该生物活性涂层的构建是下一代基于细胞的研究和应用的一种概念新颖且有希望的方法,也是合成生物学或基因修饰的替代方法。为了进一步优化二维 MOFs 材料的特性以及拓展应用领域,会将其与其他功能材料相结合,例如碳纳米材料、金属氧化物以及金属硫化物等。两种甚至两种以上的功能材料相结合,可以优势互补,不同组分之间的相互作用在极大程度上可以改善它们的活性,甚至产生协同效应。例如 MOFs 衍生的碳基材料不仅保有 MOF 材料超高孔隙率和超大比表面积等优势,同时具有良好的导电导热性。有研究证明,

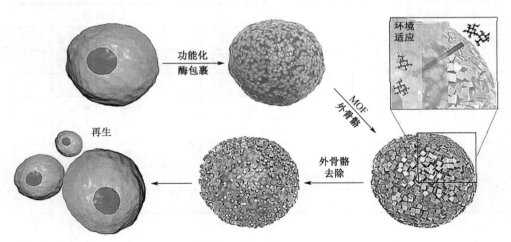

图 9-47 用于合成适应性细胞存活的生物活性多孔(β-gal/ZIF-8)壳的构建和去除

MOF-5衍生的多级多孔碳表现出极高的可逆储氢能力,超过之前报道的MOFs和多孔碳。

此外,由于MOFs含有大量未配位的官能团,这些官能团依然具有反应活性。基于二维MOFs更大的比表面积,通过微观形貌的调控,可以负载更多的催化剂。2016年,新加坡国立大学的曾华春团队报道了一种通过调控二维MOFs形貌进而负载金属纳米粒子来获取负载型二维MOFs催化剂(图9-48)。具体方法是首先获得尺寸规整的金属氧化物纳米颗粒作为前驱体,然后常温常压下制备出多种不同微观结构形貌的二维MOFs材料。这种二维MOFs材料可以用于催化气相CO₂加氢反应以及还原对硝基苯酚的反应,较三维MOFs负载催化剂,二维MOFs材料均获得了较好的催化效果。该研究结果对二维MOFs材料的制备及其在异相催化领域的应用发展具有重要意义。

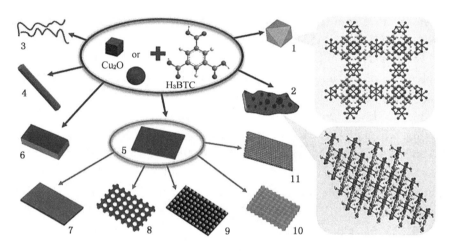

图9-48 负载型二维MOFs催化剂材料

参考文献

[1] LuoY H, Nihei M, Wen G J, et al. Ambient-temperature spin-state switching achieved by protonation of the amino group in[Fe(H2Bpz2)₂(bipy-NH₂)][J]. Inorganic Chemistry, 2016, 55(16): 14-8 152.

[2] Luo Y H, Liu Q L, Yang L J, et al. Magnetic observation of above room-temperature spin transition in vesicular nano-spheres[J]. Journal of Materials Chemistry C, 2016, 4(34): 8 061-8 069.

[3] Luo Y H, Wang J W, Chen C, et al. Reversibly stretching cocrystals by the application of a magnetic field[J]. Crystal Growth & Design, 2017, 17(5): 2 576-2 583.

[4] LuoY H, Wang J W, Wang W, et al. Bidirectional photoswitching via alternating NIR and UV irradiation on a core-shell UCNP-SCO nanosphere[J]. ACS Applied Materials & Interfaces, 2018, 10(19): 16 666-16 673.

[5] LuoY H, Chen C, Lu G W, et al. Atomically thin two-dimensional nanosheets with tunable spin-crossover properties[J]. The Journal of Physical Chemistry Letters, 2018, 9(24): 7 052-7 058.

[6] LuoY H, Chen C, Hong D L, et al. Thermal—induced dielectric switching with 40K wide hysteresis loop near room temperature[J]. The Journal of Physical Chemistry Letters, 2018, 9(9): 2 158-2 163.

[7] LuoY H, Chen C, Hong D L, et al. Binding CO_2 from air by a bulky organometallic cation containing primary amines[J]. ACS Applied Materials & Interfaces, 2018, 10(11): 9 495-9 502.

[8] LuoY H, Chen C, He C, et al. Single-layered two-dimensional metal—organic framework nanosheets as an in situ visual test paper for solvents[J]. ACS Applied Materials & Interfaces, 2018, 10(34): 28 860-28 867.

[9] Luo Y H, He X T, Hong DL, et al. A dynamic 3D hydrogen-bonded organic frameworks with highly water affinity[J]. Advanced Functional Materials, 2018, 28(48): 1804822.

［10］Wang C，LuoY H，He X T，et al. Porous high-valence metal-organic framework featuring open coordination sites for effective water adsorption［J］. Inorganic Chemistry，2019，58(5)：3 058-3 064.

［11］HongD L，Luo Y H，He X T，et al. Ultralarge dielectric relaxation and self-recovery triggered by hydrogen-bonded polar components［J］. ACS Applied Materials & Interfaces，2019，11(7)：7 272-7 279.

［12］WangJ Y，Luo Y H，Xing F H，et al. Build 3D nanoparticles by using ultrathin 2D MOF nanosheets for NIR light-triggered molecular switching［J］. ACS Applied Materials & Interfaces，2020，12(13)：15 573-15 578.

［13］Cong，Wang，. Efficient mercury chloride capture by ultrathin 2D metal-organic framework nanosheets［J］. Chemical Engineering Journal，2020，379：122337.

［14］LuoY H，He X T，Wang C，et al. Interconversion between nanoribbons and nanospheres mediated by detachable 'invisibility suit'［J］. Materials Today Nano，2020，9：100068.

［15］Zhang L，Fang W X，Wang C，et al. Porous frameworks for effective water adsorption：From 3D bulk to 2D nanosheets［J］. Inorganic Chemistry Frontiers，2021，8(4)：898-913.

［16］LuoY H，Zhang L，Fang W X，et al. 2D hydrogen-bonded organic frameworks：In-site generation and subsequent exfoliation［J］. Chemical Communications (Cambridge，England)，2021，57(48)：5 901-5 904.

［17］LuoY H，Ma S H，Dong H，et al. Two-dimensional nanosheets of metal-organic frameworks with tailorable morphologies［J］. Materials Today Chemistry，2021，22：100517.

［18］Luo Y H，Wang C，Ma SH，et al. Humidity reduction by using heterolayered metal—organic framework nanosheet composites as hygroscopic materials［J］. Environmental Science：Nano，2021，8(12)：3 665-3 672.

［19］Luo Y H，Zhang L，Dong H，et al. 3D-to-2D Evolution triggered paramagnetic-to-antiferromagnetic transformation［J］. Materials Today Chemistry. 2022；25：100923.

［20］Xue C，ZhangS X，Zeng F L，et al. In situall-weather humidity visualization by using a hydrophilic sponge［J］. Advanced Materials Technologies，2023：2201188.

［21］Luo Y H，Dong H，Ma SH，et al. Atmospheric humidity-triggered reversible spin-state switching［J］. Journal of Materials Chemistry A，2023，11(3)：

1 232-1 238.

[22] Liu M, MaS H, Dong H, et al. Rewritable paper based on layered metal-organic frameworks with NIR-triggered reversible color switching[J]. Advanced Optical Materials, 2023: 2300056.

[23] Kaneti Y V, Tang J, Salunkhe R R, et al. Nanoarchitectured design of porous materials and nanocomposites from metal-organic frameworks[J]. Advanced Materials, 2017, 29(12): 1604898.

[24] Eckhoff M, Behler J. From molecular fragments to the bulk: Development of a neural network potential for MOF-5[J]. Journal of Chemical Theory and Computation, 2019, 15(6): 3 793-3 809.

[25] Zorainy M Y, Gar Alalm M, Kaliaguine S, et al. Revisiting the MIL-101 metal-organic framework: Design, synthesis, modifications, advances, and recent applications[J]. Journal of Materials Chemistry A, 2021, 9(39): 22 159-22 217.

[26] Chavan S, Vitillo J G, Gianolio D, et al. H_2 storage in isostructural UiO-67 and UiO-66 MOFs[J]. Physical Chemistry Chemical Physics: PCCP, 2012, 14(5): 1 614-1 626.

[27] Kucheriv O I, Shylin S I, Ksenofontov V, et al. Spin crossover in Fe (II)-M(II) cyanoheterobimetallic frameworks (M = Ni, Pd, Pt) with 2-substituted pyrazines[J]. Inorganic Chemistry, 2016, 55(10): 4 906-4 914.

[28] Fernandez-Bartolome E, Santos J, Khodabakhshi S, et al. A robust and unique iron(ii) mosaic-like MOF[J]. Chemical Communications (Cambridge, England), 2018, 54(44): 5 526-5 529.

[29] Shete M, Kumar P, Bachman J E, et al. On the direct synthesis of Cu (BDC) MOF nanosheets and their performance in mixed matrix membranes[J]. Journal of Membrane Science, 2018, 549: 312-320.

[30] Huang X, Sheng P, Tu Z Y, et al. A two-dimensional π-d conjugated coordination polymer with extremely high electrical conductivity and ambipolar transport behaviour[J]. Nature Communications, 2015, 6: 7 408.

[31] Zhao Z X, Wang S, Liang R, et al. Graphene-wrapped chromium-MOF (MIL - 101)/sulfur composite for performance improvement of high-rate rechargeable Li-S batteries[J]. Journal of Materials Chemistry A, 2014, 2(33): 13 509-13 512.

[32] Pichon A, Lazuen-Garay A, James S L. Solvent-free synthesis of a microporous metal-organic framework[J]. CrystEngComm, 2006, 8(3): 211-214.

[33] Askew J H, Shepherd H J. Mechanochemical synthesis of cooperative spin crossover materials[J]. Chemical Communications (Cambridge, England), 2017, 54(2): 180-183.

[34] Zhao J J, Nunn W T, Lemaire P C, et al. Facile conversion of hydroxy double salts to metal-organic frameworks using metal oxide particles and atomic layer deposition thin-film templates[J]. Journal of the American Chemical Society, 2015, 137(43): 13 756-13 759.

[35] Kitchen J A, White N G, Gandolfi C, et al. Room-temperature spin crossover and Langmuir-Blodgett film formation of an iron(Ⅱ) triazole complex featuring a long alkyl chain substituent: The tail that wags the dog[J]. Chemical Communications (Cambridge, England), 2010, 46(35): 6 464-6 466.

[36] Otsubo K, Haraguchi T, Sakata O, et al. Step-by-step fabrication of a highly oriented crystalline three-dimensional pillared-layer-type metal-organic framework thin film confirmed by synchrotron X-ray diffraction[J]. Journal of the American Chemical Society, 2012, 134(23): 9 605-9 608.

[37] Tanaka D, Aketa N, Tanaka H, et al. Thin films of spin-crossover coordination polymerswith large thermal hysteresis loops prepared by nanoparticle spin coating[J]. Chemical Communications (Cambridge, England), 2014, 50 (70): 10 074-10 077.

[38] Pukenas L, Benn F, Lovell E, et al. Bead-like structures and self-assembled monolayers from 2, 6-dipyrazolylpyridines and their iron(ii) complexes [J]. Journal of Materials Chemistry C, 2015, 3(30): 7 890-7 896.

[39] Lu G, Farha O K, Zhang W N, et al. Engineering ZIF-8 thin films for hybrid MOF-based devices[J]. Advanced Materials (Deerfield Beach, Fla), 2012, 24(29): 3 970-3 974.

[40] Huang L, Zhang X P, Han Y J, et al. In situsynthesis of ultrathin metal-organic framework nanosheets: A new method for 2D metal-based nanoporous carbon electrocatalysts[J]. Journal of Materials Chemistry A, 2017, 5(35): 18 610-18 617.

[41] Zhuang L Z, Ge L, Liu H L, et al. A surfactant-free and scalable general strategy for synthesizing ultrathin two-dimensional metal-organic framework nanosheets for the oxygen evolution reaction[J]. Angewandte Chemie (International Ed in English), 2019, 58(38): 13 565-13 572.

[42] Qiu Z W, et al. An electrochemical ratiometric sensor based on 2D MOF nanosheet/Au/polyxanthurenic acid composite for detection of dopamine

[J]. Journal of Electroanalytical Chemistry, 2019, 835: 123-129.

[43] Dong L L, et al. An enzyme-free ultrasensitive electrochemical immunosensor for calprotectin detection based on PtNi nanoparticles functionalized 2D Cu-metal organic framework nanosheets[J]. Sensors and Actuators B: Chemical, 2020, 308: 127 687.

[44] Peng Y, Li Y S, Ban Y J, et al. Metal-organic framework nanosheets as building blocks for molecular sieving membranes[J]. Science, 2014, 346 (6215): 1 356-1 359.

[45] Szilágyu P Á, Westerwaal R J, Lansink M, et al. Contaminant-resistant MOF-Pd composite for H_2 separation[J]. RSC Advances, 2015, 5(108): 89 323-89 326.

[46] Troyano J, Carné-Sánchez A, Pérez-Carvajal J, et al. A self-folding polymer film based on swelling metal-organic frameworks[J]. Angewandte Chemie International Edition, 2018, 57(47): 15 420-15 424.

[47] Jian M P, Qiu R S, Xia Y, et al. Ultrathin water-stable metal-organic framework membranes for ion separation[J]. Science Advances, 2020, 6(23): eaay3998.

[48] Kim H, Yang S, Rao S R, et al. Water harvesting from air with metal-organic frameworks powered by natural sunlight[J]. Science, 2017, 356(6336): 430-434.

[49] Shete M, et al. On the direct synthesis of Cu(BDC) MOF nanosheets and their performance in mixed matrix membranes[J]. Journal of Membrane Science, 2018, 549: 312-320.

[50] Huo J B, Xu L, Chen XX, et al. Direct epitaxial synthesis of magnetic Fe_3O_4@UiO-66 composite for efficient removal of arsenate from water[J]. Microporous and Mesoporous Materials, 2019, 276: 68-75.

[51] Mehdinia A, Jahedi Vaighan D, Jabbari A. Cationexchange superparamagnetic Al-based metal organic framework (Fe_3O_4/MIL-96(Al)) for high efficient removal of Pb(II) from aqueous solutions[J]. ACS Sustainable Chemistry & Engineering, 2018, 6(3): 3 176-3 186.

[52] Wang Y Z, Liu Y X, Wang H Q, et al. Ultrathin NiCo-MOF nanosheets for high-performance supercapacitor electrodes[J]. ACS Applied Energy Materials, 2019, 2(3): 2 063-2 071.

[53] Li C, Shi L L, Zhang L L, et al. Ultrathin two-dimensional π-d conjugated coordination polymer Co_3 (hexaaminobenzene)$_2$ nanosheets for highly effi-

cient oxygen evolution[J]. Journal of Materials Chemistry A, 2020, 8(1): 369-379.

[54] Rong J, et al. Self-directed hierarchical $Cu_3(PO_4)_2$/Cu-BDC nanosheets array based on copper foam as an efficient and durable electrocatalyst for overall water splitting[J]. Electrochimica Acta, 2019, 313: 179-188.

[55] Cheng H J, Liu Y F, Hu Y H, et al. Monitoring of heparin activity in live rats using metal-organic framework nanosheets as peroxidase mimics[J]. Analytical Chemistry, 2017, 89(21): 11 552-11 559.

[56] Kitao T, Zhang Y Y, Kitagawa S, et al. Hybridization of MOFs and polymers[J]. Chemical Society Reviews, 2017, 46(11): 3 108-3 133.

[57] Uemura T, Kitagawa K, Horike S, et al. Radical polymerisation of styrene in porous coordination polymers[J]. Chemical Communications, 2005 (48): 5 968-5 970

[58] Rodrigues M A, de Souza Ribeiro J, de Souza Costa E, et al. Nanostructured membranes containing UiO-66 (Zr) and MIL-101 (Cr) for O_2/N_2 and $CO_2/N2$ separation[J]. Separation and Purification Technology, 2018, 192: 491-500.

[59] Hisaki I, Xin C, Takahashi K, et al. Designing hydrogen-bonded organic frameworks (HOFs) with permanent porosity[J]. Angewandte Chemie (International Ed in English), 2019, 58(33): 11 160-11 170.

[60] Simard M, Su D, Wuest J D. Use ofhydrogen bonds to control molecular aggregation. Self-assembly of three-dimensional networks with large chambers [J]. Journal of the American Chemical Society, 1991, 113(12): 4 696-4 698.

[61] Zhang X, Lin R B, Wang J, et al. Optimization of thepore structures of MOFs for record high hydrogen volumetric working capacity[J]. Advanced Materials (Deerfield Beach, Fla), 2020, 32(17): e1907995.

[62] Pulido A, Chen L J, Kaczorowski T, et al. Functional materials discovery using energy-structure-function maps[J]. Nature, 2017, 543(7647): 657-664.

[63] Slater A G, Cooper A I. Porous materials. Function-led design of new porous materials[J]. Science, 2015, 348(6238): aaa8075.

[64] Yamagishi H, Sato H, Hori A, et al. Self-assembly of lattices with high structural complexity from a geometrically simple molecule[J]. Science, 2018, 361(6408): 1 242-1 246.

[65] Nasrifar K, Javanmardi J, Rasoolzadeh A, et al. Experimental and

modeling of methane + propane double hydrates[J]. Journal of Chemical & Engineering Data, 2022, 67(9): 2 760-2 766.

[66] Yang W B, Greenaway A, Lin X, et al. Exceptional thermal stability in a supramolecular organic framework: Porosity and gas storage[J]. Journal of the American Chemical Society, 2010, 132(41): 14 457-14 469.

[67] Mastalerz M, Oppel I M. Rational construction of an extrinsic porous molecular crystal with an extraordinary high specific surface area[J]. Angewandte Chemie (International Ed in English), 2012, 51(21): 5 252-5 255.

[68] Luo X Z, Jia X J, Deng J H, et al. A microporous hydrogen-bonded organic framework: Exceptional stability and highly selective adsorption of gas and liquid [J]. Journal of the American Chemical Society, 2013, 135 (32): 11 684-11 687.

[69] Nugent P S, Rhodus V L, Pham T, et al. A robust molecular porous material with high CO_2 uptake and selectivity[J]. Journal of the American Chemical Society, 2013, 135(30): 10 950-10 953.

[70] Lü J, Perez-Krap C, Suyetin M, et al. A robust binary supramolecular organic framework (SOF) with high CO_2 adsorption and selectivity[J]. Journal of the American Chemical Society, 2014, 136(37): 12 828-12 831.

[71] Yin Q, Zhao P, Sa R J, et al. An ultra-robust and crystalline redeemable hydrogen-bonded organic framework for synergistic chemo-photodynamic therapy[J]. Angewandte Chemie (International Ed in English), 2018, 57 (26): 7 691-7 696.

[72] Chen T H, Popov I, Kaveevivitchai W, et al. Thermally robust and porous noncovalent organic framework with high affinity for fluorocarbons and CFCs[J]. Nature Communications, 2014, 5: 5 131.

[73] Comotti A, Simonutti R, Stramare S, et al. ^{13}C and 31P MAS NMR investigations of spirocyclotriphosphazene nanotubes[J]. Nanotechnology, 1999, 10(1): 70-76.

[74] Weber D. $CH_3NH_3PbX_3$, ein Pb(II)-system mit kubischer perowskitstruktur/$CH_3NH_3PbX_3$, a Pb(II)-system with cubic perovskite structure[J]. Zeitschrift Für Naturforschung B, 1978, 33(12): 1 443-1 445.

[75] Kojima A, Teshima K, Shirai Y, et al. Organometal halide perovskites as visible-light sensitizers for photovoltaic cells[J]. Journal of the American Chemical Society, 2009, 131(17): 6 050-6 051.

[76] Park N G. Organometal perovskite light absorbers toward a 20% effi-

ciency low-cost solid-state mesoscopic solar cell[J]. The Journal of Physical Chemistry Letters, 2013, 4(15): 2 423-2 429.

[77] Feng J, Xiao B. Crystal structures, optical properties, and effective mass tensors of CH_3NH_3PbX3 (X = I and Br) phases predicted from HSE06[J]. The Journal of Physical Chemistry Letters, 2014, 5(7): 1 278-1 282.

[78] Fang C, Li J Z, Wang J, et al. Controllable growth of two-dimensional perovskite microstructures[J]. CrystEngComm, 2018, 20(41): 6 538-6 545.

[79] Barkaoui H, Abid H, Yangui A, et al. Yellowish white-light emission involving resonant energy transfer in a new one-dimensional hybrid material: ($C_9H_{10}N_2$)$PbCl_4$[J]. The Journal of Physical Chemistry C, 2018, 122(42): 24 253-24 261.

[80] Li M Z, Xia Z G. Recent progress of zero-dimensional luminescent metal halides[J]. Chemical Society Reviews, 2021, 50(4): 2 626-2 662.

[81] Xu W L, Bradley S J, Xu Y, et al. Highly efficient radiative recombination in intrinsically zero-dimensional perovskite micro-crystals prepared by thermally-assisted solution-phase synthesis[J]. RSC Advances, 2020, 10(71): 43 579-43 584.

[82] Xiao J, Zhang H L. Recent progress in organic-inorganic hybrid perovskite materials for luminescence applications[J]. Acta Physico-Chimica Sinica, 2016, 32(8): 1 894-1 912.

[83] Quan li na, García de Arquer F P, Sabatini R P, et al. Perovskites for light emission[J]. Advanced Materials, 2018, 30(45): 1801996.

[84] Hu H, Liu Y M, Xie Z X, et al. Observation of defect luminescence in 2D Dion-jacobson perovskites [J]. Advanced Optical Materials, 2021, 9 (24): 2101423.

[85] Li S R, Luo J J, Liu J, et al. Self-trapped excitons in all-inorganic halide perovskites: Fundamentals, status, and potential applications[J]. The Journal of Physical Chemistry Letters, 2019, 10(8): 1 999-2 007.

[86] Shi L, Han Y J, Ji Z X, et al. Synthesis and photoluminescence properties of a novel Ca_2LaNbO_6: Mn^{4+} double perovskite phosphor for plant growth LEDs[J]. Journal of Materials Science: Materials in Electronics, 2019, 30(16): 15 504-15 511.

[87] Jung H S, Park N G. Perovskite solar cells: From materials to devices [J]. Small (Weinheim an Der Bergstrasse, Germany), 2015, 11(1): 10-25. [PubMed]

[88] Ren Z W, Wang K, Sun xiao wei, et al. Strategies toward efficient blue perovskite light-emitting diodes[J]. Advanced Functional Materials, 2021, 31(30): 2100516.

[89] 纪兴启, 李国辉, 崔艳霞, 等. 有机-无机杂化钙钛矿激光器的研究进展[J]. 半导体技术, 2018, 43(6): 401-413.

[90] Novoselov K S, Geim A K, Morozov S V, et al. Electric field effect in atomically thin carbon films[J]. Science, 2004, 306(5 696): 666-669.

[91] Zhang H. Ultrathin two-dimensional nanomaterials[J]. ACS Nano, 2015, 9(10): 9 451-9 469.

[92] Han J H, Kwak M, Kim Y, et al. Recent advances in the solution-based preparation of two-dimensional layered transition metal chalcogenide nano-structures[J]. Chemical Reviews, 2018, 118(13): 6 151-6 188.

[93] Amo-Ochoa P, Welte L, González-Prieto R, et al. Single layers of a multifunctional laminar Cu(I, II) coordination polymer[J]. Chemical Communications (Cambridge, England), 2010, 46(19): 3 262-3 264.

[94] Qian X Q, Gu Z, Chen Y. Two-dimensional black phosphorus nanosheets for theranostic nanomedicine[J]. Materials Horizons, 2017, 4(5): 800-816.

[95] Zhao M T, Wang Y X, Ma Q L, et al. Ultrathin 2D metal-organic framework nanosheets[J]. Advanced Materials (Deerfield Beach, Fla), 2015, 27(45): 7 372-7 378.

[96] Kambe T, Sakamoto R, Hoshiko K, et al. π-Conjugated nickel bis(di-thiolene) complex nanosheet[J]. Journal of the American Chemical Society, 2013, 135(7): 2 462-2 465.

[97] Rodenas T, Luz I, Prieto G, et al. Metal-organic framework nanosheets in polymer composite materials for gas separation[J]. Nature Materials, 2015, 14(1): 48-55.

[98] Xia F N, Wang H, Xiao D, et al. Two-dimensional material nanophotonics[J]. Nature Photonics, 2014, 8(12): 899-907.

[99] Liang K, Richardson J J, Doonan C J, et al. An enzyme-coated metal-organic framework shell for synthetically adaptive cell survival[J]. Angewandte Chemie (International Ed in English), 2017, 56(29): 8 510-8 515.

[100] Zhan G W, Zeng hua chun. Synthesis and functionalization of oriented metal-organic-framework nanosheets: Toward a series of 2D catalysts[J]. Advanced Functional Materials, 2016, 26(19): 3 268-3 281.